计算机信息安全与网络技术应用研究

巩建学　董佳佳　著

全国百佳图书出版单位  吉林出版集团股份有限公司

图书在版编目（CIP）数据

计算机信息安全与网络技术应用研究／巩建学，董
佳佳著. -- 长春：吉林出版集团股份有限公司，2024. 3
ISBN 978-7-5731-4715-8

Ⅰ. ①计…　Ⅱ. ①巩… ②董…　Ⅲ. ①电子计算机-
信息安全-安全技术　Ⅳ. ①TP309

中国国家版本馆 CIP 数据核字（2024）第 058244 号

JISUANJI XINXI ANQUAN YU WANGLUO JISHU YINGYONG YANJIU

计算机信息安全与网络技术应用研究

著：巩建学　董佳佳

责任编辑：朱　玲

封面设计：冯冯翼

开　　本：720mm×1000mm　1/16

字　　数：200 千字

印　　张：11

版　　次：2024 年 3 月第 1 版

印　　次：2024 年 3 月第 1 次印刷

出　　版：吉林出版集团股份有限公司

发　　行：吉林出版集团外语教育有限公司

地　　址：长春市福祉大路 5788 号龙腾国际大厦 B 座 7 层

电　　话：总编办：0431-81629929

印　　刷：吉林省创美堂印刷有限公司

ISBN 978-7-5731-4715-8　　　定　价：66.00 元

前　言

　　物质为人类提供材料，能源向人类提供动力，而信息为人类奉献知识和智慧。信息已成为社会发展的重要战略资源、决策资源，信息化水平已成为衡量一个国家现代化程度和综合国力的重要指标，抢占信息资源已经成为国际竞争的重要内容。

　　在人类发展史上，还没有哪种技术能够像信息技术这样对人类社会产生如此广泛而深远的影响。而现代信息技术，特别是采用电子技术来开发与利用信息是时代的需要，是世界性潮流，是人类社会发展的必然趋势，正以空前的速度向前发展。IT技术广泛运用并已渗透到各行各业，它已经成为各产业中管理、研究、教育、设计、生产等方面的有力工具，在人们的生活、娱乐等方面也起着重要的作用。但是，网络信息在给我们带来利益的同时，也使得人类面临着信息安全的严峻考验，就在人们充分享受计算机技术及网络带来的新的工作和生活方式，并依赖于计算机帮助的今天，计算机系统的网络化及脆弱性与使用过程中的各种意外所导致的不良后果日趋严重，计算机信息安全问题越来越突出。信息的安全已不仅是个人和少数人利益的问题，而是事关部门、公司、企业甚至国家、地区等政治和经济利益的问题。

　　网络信息安全主要是保护网络系统的硬件、软件及其系统中的数据，不受偶然或恶意的原因而遭到破坏、更改，系统能连续、可靠、正常地运行，网络服务不中断。信息安全正在作为一种产业快速发展，而与此相悖的是，信息安全人才缺乏，远远不能满足各部门的需求。因此，培养信息安全领域的高技术人才已成为我国高等教育领域的重要任务。作为新世纪的人才，既要不断拓展知识面，构筑自己更宽广的知识平台，又要善于融会贯通，除了精于自身领域的知识和技能之外，还需要汲取其他领域的知识，以不断地完善自己，并进而能在市场经济的大潮中，到达预定的彼岸。

　　本书是一本研究计算机信息安全与网络技术应用的著作。本书分析了计算机信息安全的基础知识，包括信息安全问题与重要性、威胁信息安全的各种因素、计算机信息安全技术体系、计算机信息系统安全保护与监察；论述了计算机网络数据通信基础、计算机网络基本协议、计算机网络攻击技术、计算机网络安全；深入探讨了局域网技术应用、入侵检测技术应用、防火墙技术应用、云计算技术应用等方面的内容。

需要说明的是，计算机信息安全与网络技术应用并不止本书的内容，尤其是其中的某些应用的技巧与方法，还需要人们结合自身实际，灵活运用，唯有如此，才能百尺竿头更进一步！

在撰写过程中，为提升本书的学术性与严谨性，笔者参阅了大量的文献资料，引用了一些前辈的研究成果，因篇幅有限，不能一一列举，在此一并表示最诚挚的感谢。由于计算机信息安全与网络技术涉及的范畴比较广，需要探索的层面比较深，本书中难免有与现存观点、理论不协调之处，对于书中存在的不足之处，恳请前辈、同行以及广大读者斧正，以便修改完善。

目 录

第一章　计算机信息安全概述

计算机技术的发展，特别是计算机网络的广泛应用，对社会经济，科学和文化的发展产生了重大影响。与此同时，也不可避免地会带来一些新的社会、道德、政治和法律问题。例如，计算机网络使人们更迅速而有效地共享各领域的信息，但却出现了引起社会普遍关注的计算机犯罪问题。

第一节　信息安全问题与重要性分析

一、信息安全的特征与内容

广义的信息安全是指防止信息被故意的或偶然的非授权泄漏、更改、破坏，也就是确保信息的保密性、可用性、完整性和可控性。信息安全包括操作系统安全、数据库安全、网络安全、访问控制、加密与鉴别等几个方面。

狭义的信息安全指网络上的信息安全，也称为网络安全，它涉及的领域也是较为广泛。简单地说，网络中的安全是指一种能够识别和消除不安全因素。

信息安全的定义随着应用环境的改变也有不同的诠释。对用户来说，确保其个人隐私和机密数据的传输安全，避免资料被他人窃取是用户基本的安全需求。而对安全保密部门来说，过滤非法的、有害的或涉及国家机密的信息，是其信息安全的主要任务。

（一）信息安全的特征

无论入侵者使用何种方法和手段，他们的最终目的都是要破坏信息的安全属性。信息安全在技术层次上的含义就是要杜绝入侵者对信息安全属性的攻击，使信息的所有者能放心地使用信息。国际标准化组织将信息安全归纳为保密性、完整性、可用性和可控性四个特征。

1. 保密性

保密性是指保证信息只让合法用户访问，信息不泄露给非授权的个人和实体。信息的保密性可以具有不同的保密程度或层次，所有人员都可以访问的信息为公开信息，需要限制访问的信息一般为敏感信息，敏感信息又可以根据信息的重要性及保密要求分为不同的密级。

2. 完整性

完整性是信息未经授权不能改变的特性。通俗地讲，信息在计算机存储和网络传输过程中，非授权用户无论何时，用何种手段都不能删除、篡改、伪造信息。

3. 可用性

可用性是指确权使用信息的人在需要的时候可以立即获取。例如，有线电视线路被中断就是对信息可用性的破坏。

4. 可控性

可控性是指对信息的传播及内容具有控制能力。实现信息安全需要一套合适的控制机制，如策略、惯例、程序、组织结构或软件功能，这些都是用来保证信息的安全目标能够最终实现的机制。

（二）信息安全的内容

1. 逻辑安全

计算机的逻辑安全需要用口令字、文件许可、查账等方法来实现。防止计算机黑客的入侵主要依赖计算机的逻辑安全。

2. 操作系统安全

操作系统是计算机中最基本、最重要的软件。同一计算机可以安装几种不同的操作系统。如果计算机系统可提供给许多人使用，操作系统必须能区分用户，以防止他们相互干扰。例如，多数的多用户操作系统，不会允许一个用户删除属于另一个用户的文件，除非第二个用户明确地给予允许。

3. 联网安全

联网的安全性只能通过以下两方面的安全服务来达到：

（1）访问控制服务：用来保护计算机和联网资源不被非授权使用。

（2）通信安全服务：用来认证数据机要性与完整性，以及各通信的可信赖性。

二、信息安全问题

信息是有价值的，物联网中所包含的丰富信息也不例外。随着以物联网为代表的新技术的兴起，信息安全也正告别传统的病毒感染、网络黑客及资源滥用等阶段，迈进了一个复杂多元、综合交互的新时期。基于射频识别技术本身的无线通信特点和物联网所具备的便捷信息获取能力，如果信息安全措施不到位，或者数据管理存在漏洞，物联网就能够使我们所生活的世界"无所遁形"。我们可能会面临黑客、病毒的袭击等威胁，嵌入了射频识别标签的物品还可能不受控制地被跟踪、被定位和被识读，这势必带来对物品持有者个人隐私的侵犯或企业机密泄漏等问题，破坏了信息的合法有序使用的要求，可能导致人们的生活、工作完全陷入崩溃，引起社会秩序混乱，甚至直接威胁到人类的生命安全。因此，有关部门要吸收互联网发展过程的经验和教训，做到趋利避害，未雨绸缪，尽早研究物联网技术推广应用和物联网产业发展过程中可能遇到或发生的新问题、新情况，制定有关规范物联网发展的法律、政策，通过法律、行政、经济等手段，有效调节物联网技术引发的各种新型社会关系、社会矛盾，规范物联网技术的合法应用，为我国物联网产业的发展提供有效的法律、政策保障，使我国的物联网真正发展成为一个开放、安全、可信任的网络。①

（一）网络信息安全问题的由来

随着互联网技术的不断发展与互联网普及率的不断提高，互联网渗透到社会生活的方方面面，互联网所具有的信息数量的海量性、信息内容的多样性使人们所憧憬的信息共享、信息交流、信息获取的灵活便捷等需求得到满足，人们也越来越依靠互联网进行信息的传递和交流。但是，网络虚拟社会和现实社会一样，并不是一切都处在稳定、和谐、有序的社会状态中。在互联网信息社会中，信息污染、信息遗失、信息渗透、信息侵权、信息犯罪乃至信息战争等有关信息安全的事故频频发生。这使得人们逐步认识到，要确保网络虚拟社会有序运行，确保网络虚拟社会的信息安全，必须要对互联网依法进行规制。由此，网络信息安全问题进入世界民众的视野。

（二）网络信息安全问题的三个层面

1. 国家安全战略层面的信息安全问题

随着信息化发展水平的提升，整个国家社会经济生活的正常运转越来越依赖于信息通信技术，由各类违法犯罪集团、恐怖组织以及敌对势力所实施的网络攻击、网络对抗甚至网络战等行为已经成为国家安全所面临的一项重要威

---

① 秦成德. 物联网法学 [M]. 北京：中国铁道出版社，2013：316.

胁。从国家安全的角度考虑，维护信息安全就是通过国家的政策和战略制定，维护国家在网络空间的整体安全和战略利益。

2. 社会管理秩序层面的信息安全问题

从维护社会正常秩序，健全法制的层面来说，维护信息安全主要是指打击网络犯罪。这里所说的"网络犯罪"主要包括计算机犯罪、利用网络从事传播违法有害信息以及实施"网络恐怖"活动等。

3. 技术层面的信息安全问题

在技术层面，信息安全是指对计算机信息系统和关键信息资源面临的各种威胁所采取的安全保障手段，主要目的是防止其遭到网络安全突发事件、系统失效、低劣的程序编制和由黑客攻击等造成的人为破坏，防止计算机系统及其资源被变更、破坏及未授权使用。

(三) 影响网络安全的因素

1. 网络自身的脆弱性

组成系统的硬件资源、通信资源、软件及信息资源等方面的不同程度的脆弱性，为各种动机的攻击提供了入侵、骚扰或破坏系统的机会，导致系统受到破坏、更改和功能的失效。

网络硬件系统的安全性主要表现是物理方面的问题。针对网络设备如主机、交换机、路由器等，温度、湿度、电磁场等都有可能造成失效或信息的泄露。

软件系统的安全性主要表现在操作系统、数据库系统和应用软件上。由于设计中无意留下的安全漏洞、设计中的冗余功能、设计中的逻辑问题等，这些都在软件的执行中为攻击者提供了实施攻击的可能性。

通信资源方面的安全性主要来自网络的通信协议。由于因特网的最初开发是在可信任的环境中实现的，在安全方面有它先天的不足。缺乏用户身份的鉴别机制、缺乏路由协议鉴别认证机制、缺乏数据流的保密性，这些都是导致网络不安全的因素。

2. 外来的安全威胁

主要是针对网络信息的机密性、完整性、可用性和资源的合法性使用的威胁。包含信息泄露、完整性破坏、未授权访问及拒绝服务。外来威胁网络安全的主要攻击方法有：伪造攻击，伪造成合法身份，实现对合法资源的欺骗应用，破坏信息的真实性和资源的合法性；中断攻击，使得信息在传输过程中被阻断，无法正确到达目的地，破坏系统的可用性；侦听攻击，通过此手段窃取系统资源，破坏系统的机密性；修改攻击，非法对系统中的信息进行修改，破坏系统的完整性；重放攻击，重放截获的合法数据，实现非法的链接和认证等功能。

（四）保障网络安全的三大支柱

网络安全不仅仅是一个纯技术问题，单凭技术因素确保网络安全是不可能的。保障网络安全无论对一个国家而言还是对一个组织而言都是一个复杂的系统工程，需要多管齐下，综合治理。目前普遍认为网络安全与防范技术、网络安全法律法规和网络安全标准是保障网络安全的三大支柱。

1. 网络安全与防范技术

各种网络安全与防范技术的应用主要在技术层面上为网络安全提供具体的保障。目前主要采用的网络安全与防范技术有：网络安全扫描技术、数据加密技术、防火墙技术、入侵检测技术、病毒诊断与防治技术等。尽管网络安全与防范技术的应用在一定程度上对网络的安全起到了很好的保护作用，但它并不是万能的，由于疏于管理等原因而引起的网络安全事故仍然不断发生。

2. 网络安全法律法规

国家、地方以及相关部门针对网络安全的需求，制定与网络安全相关的法律法规，从法律层面上来规范人们的行为，使网络安全工作有法可依，使相关违法犯罪能得到处罚，促使组织和个人依法制作、发布、传播和使用网络，从而达到保障网络安全的目的。目前，中国已建立起了基本的网络安全法律法规体系，但随着网络安全形势的发展，网络安全立法的任务还非常艰巨，许多相关法规还有待建立或进一步完善。

3. 网络安全标准

建立统一的网络安全标准，其目的是为网络安全产品的制造、安全的信息系统的构建、企业或组织安全策略的制定、安全管理体系的构建以及安全工作评估等提供统一的科学依据。随着网络技术的不断发展和网络安全形势的变化，不但网络安全标准的数量在不断增加，而且许多标准的版本也在不断更新。

三、信息安全的重要性

（一）社会信息化提升了信息的地位

在国民经济和社会各个领域，不断推广和应用计算机、通信、网络等信息技术及其他相关智能技术，达到全面提高经济运行效率、劳动生产率、企业核心竞争力和人民生活质量的目的。信息化是工业社会向信息社会的动态发展过程。在这一过程中，信息产业在国民经济中所占比例上升，工业化与信息化的结合日益密切，信息资源成为重要的生产要素。

进入电子商务时代后，信息的价值得以充分体现。通过虚拟的因特网收集信息、提供服务、从而获取利益已经成为一种热门的工作岗位，产生的经济效益甚至比传统产业高数十倍。

（二）社会对信息技术的依赖性增强

信息化已经成为当今世界经济和社会发展的趋势，这种趋势主要表现在：

1. 信息技术突飞猛进，成为新技术革命的"领头羊"。
2. 信息产业高速发展，成为经济发展的强大推动力。
3. 信息网络迅速崛起，成为社会和经济活动的重要依托。

网络应用已从简单地获取信息发展为进行学习、学术研究、休闲娱乐、情感需要、交友、获得各种免费资源、对外通信和联络、网上金融、网上购物、商务活动和追崇时尚等多元化应用。

（三）虚拟的网络财富日益增长

因特网的普及，使得人们的很多行为都转向网络平台，如网络银行、网络炒股及网络电子商务等，由此带来了财产概念的变化，个人财产除金钱、实物外，又增加了虚拟的网络财富，网络账号、各种游戏装备等都是人们的财产体现，而这些虚拟财产都以信息的形式在网络中流通并使用，网络信息安全直接关系到这些财产的安全。当然，这种形式的财产保护也对我们现今的法律体系提出了新的要求。[①]

四、信息安全的发展趋势

信息安全发展主要是呈现四大趋势。总的来说，现在的信息安全技术是基于网络的安全技术，这是未来信息安全技术发展的重要方向。

（一）可信化

可信化趋势是指从传统计算机安全理念过渡到以可信计算理念为核心的计算机安全。近年来计算机安全问题愈演愈烈，传统安全理念很难有所突破，人们试图利用可信计算的理念来解决计算机安全问题，其主要思想是在硬件平台上引入安全芯片，从而将部分或整个计算平台变为"可信"的计算平台。目前还有很多问题需要研究和探索，如基于 TCP 的访问控制、安全操作系统、

---

① 初雪. 计算机信息安全技术与工程实施［M］. 北京：中国原子能出版社，2019：11.

安全中间件、安全应用等。

（二）网络化

由网络应用和普及引发的技术和应用模式的变革，正在进一步推动信息安全关键技术的创新发展，并诱发新技术和应用模式的出现。例如，安全中间件、安全管理与安全监控都是网络化发展带来的必然的发展方向；网络病毒和垃圾信息防范都是网络化带来的一些安全性问题；网络可生存性、网络信任都是要继续研究的领域。

（三）标准化

安全技术要走向国际，也要走向应用，中国政府、产业化、学术界等必将更加高度重视信息安全标准的研究与制定工作的进一步深化和细化，如密码算法类标准、安全认证与授权类标准、安全评估类标准、系统与网络类安全标准、安全管理类标准等。

（四）集成化

集成化趋势即从单一功能的信息安全技术与产品，向多种功能融于某一个产品，或者是几个功能相结合的集成化的产品方向发展，不再以单一的形式出现，否则也不利于产品的推广和应用。安全产品呈硬件化/芯片化发展趋势，这将带来更高的安全度与更高的运算速率，也需要发展更灵活的安全芯片的实现技术。

第二节　计算机信息安全技术体系

一、计算机网络信息安全的特征

近些年来我国各项技术水平都呈现平稳快速的发展态势，计算机网络在各个领域中均得到了充分的重视及广泛应用。但随着计算机网络的不断普及，网络安全问题也已经得到人们广泛关注。计算机网络信息安全特征包括其脆弱性和突发性。脆弱性是指因网络发展迅速，计算机网络因其开放性在一定程度上为网络垃圾、网络病毒的侵入提供了机会，对网络信息安全及稳定有一定的负面影响。突发性是指人们无法预估网络安全隐患发生的时间，导致网络信息安全时刻受到威胁。①

二、计算机信息安全技术体系的核心

(一) 信息加密与密码技术

保护信息的机密性是针对恶意盗取和破坏信息等行为，设置密码是常见的信息加密保护方式，而加密技术不只是用来保证通信的安全性，也是更广泛地应用于其他领域中，加密技术毫无疑问地成为网络安全的基础保障。在数据加密的过程中，有多种保护方式，包括：对称密码、公开密码、密钥管理、密码验证技术等。在通过密码技术来保证信息安全的过程中，会以被加解密钥差异分为密钥加密技术和非密钥加密技术，而密钥加密技术又被称为私钥加密技术，其主要是因为在加密和解密的过程中使用的密钥是相同的。反之，非密钥加密技术被称为公开密钥加密技术，比如，某平台的用户可以对密钥进行公开，任何得到密钥的用户都可以使用密钥，除非用户拥有私有密钥，这就很好地解决了对称加密方法中密钥发放过量的问题。密钥加密技术能够高效地保证信息的完整性，避免个人数据被恶意篡改，信息加密与密码技术对于保证计算机系统的重要数据的安全性及稳定性具有非常重要的作用。②

(二) 防火墙技术与病毒防范

在计算机信息安全的保障体系中，防火墙技术为网络安全运行提供了基础的保障，一般来说，防火墙技术对全部经过 Internet 信息进行甄别检查，只有被授权的数据才能通过防火墙，有效地将外界网络与本地网络进行网络防御和隔离，防火墙的结构又被细化为双宿主主机防火墙、屏蔽主机网关防火墙。①双宿主主机防火墙在实现的过程中一般是通过较为特殊的主机，而在这个主机中存在多个网络接口，其中有连接外部网络，还有对内部网络进行保护，其技术应用的过程中是不利用包过滤规则的，而是通过两个网络之间进行网关的设置将 IP 层之间的传输隔断。所以两个网络中的主机是不可以进行直接通信的，如果想要通信则需要利用应用层代理服务或者应用层数据共享来实现。②屏蔽主机网关防火墙的组成包括一台堡垒主机和一台过滤路由器，其工作原理是在内部网络上进行主机配置，过滤器则放置外部与内部网络之间，这就使得外部的网络只能对主机进行访问，不能对内部网络其他主机进行访问，而内

---

① 柴智. 大数据时代背景下计算机信息处理技术应用探究 [J]. 信息通信, 2019 (1).
② 官亚芬. 计算机网络信息安全及其防护对策研究 [J]. 信息与电脑 (理论版), 2018 (21).

部主机在通信需经过堡垒主机，并由其决定是否可以访问外部网络，通俗来说，内部网络和外部网络唯一的通道就是堡垒主机。

（三）IP 快速追踪技术

不同计算机的 IP 不同，在开启计算机并进行网络连接后均会利用 IP 进行登录查询。IP 通常分为三部分，第一部分是计算机系统运行期间，每个用户系统的 IP 地址均不同，且始终不变，这就使每一位用户独立出来，通过 IP 技术可充分保障计算机技术的安全性和有效性。第二部分是 IP 技术在应用期间须有实时性协议提供支持，保证计算机通信过程中的流畅。第三部分是 IP 运行期间用户所上传的数据信息流畅性较好，且下载资源或数据时也可保证流畅性，从而实现数据的科学管理。

（四）恶意代码检测技术

对计算机系统进行分析发现，信息技术在应用过程中受到网络侵袭的概率较大，出现这一现象主要是因恶意代码病毒对计算机网络资源产生一定影响。恶意代码病毒具有隐匿性，其可在网页中、邮箱中、信息中广泛传播，对人们的使用产生较为严重的危害。相应的恶意代码检测技术可以及时发现系统中未经授权或者异常情况，从而保证计算机信息得到安全保护，主要包括基于无用检测模型、基于异常检测模型等，恶意代码检测技术主要针对木马、垃圾邮件等程序进行检测，还可将其分为恶意代码静态检测和恶意代码动态检测等。①

三、网络信息安全防护体系建设

随着数字经济时代的到来，为持续推动互联网在社会各领域中的广泛应用，需要对现有网络信息安全防护体系进行完善，针对传统网络安全防护体系表现出的具体问题，借助计算机网络技术创新复合网络拓扑结构、优化网络"软防护"配置方案、完善多层级协同防护机制方面的优势，以构建更加科学的网络信息安全防护体系。

（一）创新复合网络拓扑结构

为强化网络信息安全的物理层支撑，需要对传统网络架构进行优化，在强调合理利用网络资源的同时，还需要考虑物理层在网络信息安全防护中的作用，在传统网络架构的基础上，利用分布式交换机和环形网络架构，形成具有

---

① 邓华. 构建计算机信息安全技术体系核心探寻 [J]. 科学与信息化, 2019 (11).

较强防护能力的复合网络拓扑结构。

（二）优化网络"软防护"配置

基于计算机网络技术的网络信息安全防护体系建设不仅要求其网络架构能够提供更加稳定的"硬防护"，同时，为应对日益隐蔽的网络信息安全威胁，需要进一步优化网络"软防护"配置方案。

（1）协同防护配置方案

在网络信息安全防护系统设计中，需要重点关注木马、病毒、插件等类型的隐性风险，对计算机网络系统关键参数的变化进行监控和管理，当防火墙发出风险警告时，安全软件应根据风险类型对重点位置进行检查和提高防护等级。除此之外，还可以利用计算机网络自身防护机制，在访问信息异常的情况下，为配合安全软件的应急处置，可暂时中断网络连接，并将异常访问行为提交至服务器，由服务器进行溯源分析，以便于界定异常访问行为的危害等级。

（2）终端防护配置方案

传统意义上的网络信息安全防护多强调以信息为对象，却忽略了对网络信息安全风险行为主体进行约束。因此，在优化网络"软防护"配置方面，应当为接入互联网的终端安装具有行为监管的软件或插件，并能够配合服务器进行异常行为溯源，从而能够快速定位异常访问行为主体。

优化网络"软防护"配置方案能够解决网络内部防护软件缺失问题，通过完善"软防护"配置方案，可以实现网络信息安全防护系统的逆向管理，尤其是对隐匿性的网络信息进行篡改、攻击、窃取等行为有着明显效果。

（3）建立多层级协同防护机制

在现有网络信息安全防护体系的基础上，应针对不同层级的特点，并科学调整其在网络信息安全防护体系中的优先级，强化访问身份认证和网络信息传输保护，形成包括集网络数据流量动态感知、DDOS 防御、CC 防御、智能管理等于一体的多层协同防护机制，边缘节点的动态防御机制能够对网络层数据流进行实时监控，在采取动态防御机制的同时，根据智能管理平台的评估结果确定是否启动应用层、系统层等高级节点防护。

基于网络信息安全风险特点及近年来对网络信息安全问题的分析，通过建立多层级协同防护机制能够主动防御网络信息安全风险，在"安全中心"的统一管理下，利用大数据技术对网络信息安全风险等级进行评估，从而使网络信息安全防护体系更加完善。①

---

① 龚健虎. 基于计算机网络技术的网络信息安全防护体系建设［J］. 湖南工程学院学报（自然科学版），2022，32（3）.

第三节 计算机信息系统安全保护与监察

一、计算机信息系统安全保护

（一）信息安全等级保护含义

信息安全等级保护指对国家秘密信息及公民、法人和其他组织的专有信息以及公开信息和存储、传输、处理这些信息的信息系统分等级实行安全保护，对信息系统中使用的信息安全产品实行按等级管理，对信息系统中发生的信息安全事件分等级响应、处理。

（二）当前计算机信息安全等级保护现状和存在问题

1. 盲目构建互联网站，疏于管理被攻击，危害很大

前些年，内部行政事业和企业单位把网站建立起来后，由于单位对计算机信息系统领域不专业、不善用，这些网站浏览量少，一些计算机应用单位未能及时更新网页，有些信息内容甚至几年不更新，没有很好地发挥网站的阵地功能，把单位网站办成一块无人管理的"荒地"。内部单位由于没有落实计算机信息系统等级保护工作，导致计算机信息系统被入侵，网站内容被篡改，网站主页被上传一些广告，甚至上传一些有害信息。

2. 网站分散托管，重视程度不一，防护技术薄弱

从部分市、县级政府门户网站管理状态看，网站大都分散托管，重视程度不一，造成防护能力低、技术力量薄弱。对单位网站长期疏于管理，计算机信息系统中出现的高危漏洞没有及时检测修复，导致信息系统被"黑客"等不法分子利用木马、病毒攻击，造成敏感数据泄露，网页被篡改或网站无法访问，严重的会导致网络崩溃，影响整个业务系统或造成整个行业工作瘫痪。

3. 对计算机信息系统等级保护工作重视不够、认识不足

近年来，由于一些单位和运维企业以及全社会对信息安全等级保护认识还不到位，难以将等级保护制度和已有信息安全防护体系相衔接，工作方式简单，甚至出现以其他工作代替信息安全等级保护工作的消极倾向。一些企业还存在不愿受监管的思想，为节省人力、物力、财力将本该定为三级的重要信息系统定为二级，这些都影响信息安全等级保护制度的全面落实。

（三）加强计算机信息系统安全等级保护的重要性认识

由于计算机信息系统应用现状和信息系统等级保护过程中存在着上述种种问题，隐藏着巨大的安全隐患。笔者认为，充分认识和加强县级计算机信息系统安全保护工作显得尤为重要。

1. 充分认识等级保护工作重要性是确保计算机信息系统安全的前提

随着新兴技术应用范围日益拓展，网络犯罪手段不断翻新，网络安全损失日趋严重，计算机信息系统安全威胁将持续加大。网站设计者在设计网站时，一般以满足用户如何实现业务成效为目的，忽视应用中存在的安全漏洞问题，甚至出现漏洞也不会主动清理和修复。"黑客"就是抓住这些安全漏洞对计算机系统进行攻击，计算机安全系统一旦被挂马，将会在各种搜索引擎的结果中被拦截，客户桌面的杀毒软件会阻断用户访问并报警，导致网站访问量急剧下降及用户数据被窃取的严重后果。

2. 等级保护的被动性与信息安全主动防御需求还有差距

信息系统安全等级保护属于政策性驱动的合规性保护，这种合规性保护只关注通用信息安全需求，并且属于被动保护。对于当前信息系统安全保护中的主动防御要求还有差距，因此，不要认为通过等级保护的评测就不会出问题。当前信息系统安全的主要特征是要建立主动防御体系，例如建立授权管理机制、行为控制机制以及信息系统的加密存储机制，即信息泄露也不会被"黑客"轻易获得。所以说，等级保护是一种被动的、前置的保护手段，与当前信息系统安全保护要求实时的、主动防御还有一定差距。

3. 现有防护手段难以满足新技术发展应用的信息安全要求

当前信息系统安全等级保护政策标准滞后，难以满足新技术应用的安全需求。例如，当前的物联网、云计算、移动互联网的应用呈现出新特点，提出了新的安全需求，在网络层面原本相对比较封闭的政府、金融、能源、制造系统开始越来越多地与互联网相连接；用户终端层面，移动手机、平板电脑等智能终端设备的应用等，都为计算机信息安全管理提出新挑战。大数据的应用，将某些敏感业务数据放在相对开放的数据存储位置，服务较为分散，等级保护的"分区、分级、分域"保护显得无法适应，对计算机信息系统实时等级保护成了必然要求。

（四）做好计算机信息系统安全等级保护的策略探讨

为确保内部单位网络信息、网站、重要信息系统安全，必须对计算机信息系统进行等级保护，做到依法依规有效管理。此处从五方面探索解决问题的对策。

1. 提高政府内部单位对等级保护工作重要性认识

计算机信息系统安全等级保护工作包括定级、备案、安全建设和整改、信息安全等级测评、信息安全检查五个阶段。公安部授权的第三方信息安全资质机构应为企事业单位提供专业的信息安全等级测评咨询服务。内部单位要高度重视信息安全等级保护工作，与运维企业密切配合，专人负责，抓好落实，在公安主管部门监督指导下落实好等级保护措施，确保计算机网络安全运行。同时，加强网站日常密码维护，做到认真修改密码、定期维护密码。并且加强网站的安全管理、定期进行维护，避免计算机信息系统、后台服务器被攻击。

2. 尽快落实网站信息系统集约化管理和等级保护措施

各级政府网站、信息系统凡自建机房或托管存在不符合标准的互联网数据中心的党政机关网站，全部迁移到同级政府信息中心或同级电信运营商建设的三级标准信息中心，实施网站、信息系统集约化管理，切实提升网络安全防护、监测预警、应急能力。根据"谁主管、谁负责、谁建设、谁负责"的原则，对未集约管理又已投入使用的网站要严格落实定级、备案、安全建设整改、定期测评和监督检查各项措施落实。

3. 落实监测和云防护等安全常态管理，防止"黑客"攻击

计算机系统漏洞是计算机网络安全的极大隐患。在科学合理分等级保护的基础上，各类信息中心要做好网站、信息系统 24 小时监测预警机制、云防护等实时保护措施，提前做好安全应急预案，完善网络安全技术措施，滚动排查安全隐患，及时修补安全漏洞，确保不发生篡改、入侵、暗链接等问题。未按规定落实集约化管理的网络信息系统，也必须依照上述措施 24 小时做好监测预警机制，实施实时保护，一旦发现系统漏洞，立即修复，避免被"黑客"等不法分子利用和破坏，避免网络安全事件。

4. 加强网络安全法律法规宣传，依法保护网络安全

加大对相关政策法规的宣传教育，切实提高信息安全等级保护的重要性认识。要求严格遵守信息安全等级保护工作要求和工作流程，时刻绷紧信息网络安全这根弦，切实把计算机信息系统安全等级保护工作抓实、抓细、抓到位，确保计算机系统正常运作，维护正常办公、生产和生活秩序。同时，公安机关要通过宣传引导，提醒广大网民，不经允许对网站入侵、篡改行为，都是违反法律规定的，任何人不得逾越法律的红线，否则，将受到法律的惩处。①

---

① 丘文. 加强计算机信息系统安全等级保护对策探讨［J］. 广东公安科技，2018，26（3）.

二、公共信息网络安全监察

计算机信息系统安全保护工作的一个重要方面是国家监督管理。

(一) 公共信息网络安全监察工作的性质

1. 公共信息网络安全监察是公安工作的一个重要组成部分。公共信息网络安全监察工作作为一项公安业务，已经写进相关法律。

2. 公共信息网络安全监察是预防各种危害的重要手段。根据国家法律赋予的权力，公安机关在执行任务时，可以运用多种手段，如侦查、强制、惩罚、预防等。公共信息网络安全监察工作最主要、最大量的则是运用预防手段，采取各种防范措施，积极地做好各项防范工作，消除各种隐患和漏洞，防止犯罪分子的各种破坏活动或治安灾害事故的发生，以防止或减少由于这些危害的发生给国家、集体和个人造成的损失，这是公共信息网络安全监察工作的最高目的，预防是公共信息网络安全监察工作的基础。

3. 公共信息网络安全监察是行政管理的重要手段。随着社会进步，国家的社会管理职能日渐突出，从广义上讲，预防和打击犯罪活动也是行政管理。公共信息网络安全监察的行政管理职能主，要体现在：一是法制教育和宣传，使广大群众增强法治观念，习惯于在严密的法律、制度中工作、学习和生活。二是维护计算机应用领域的公共安全秩序，同一切扰乱公共秩序和违反计算机安全管理法规的行为做斗争。三是协同有关部门，加强对计算机信息和设备资源的保护，保障这些财富的安全。

4. 公共信息网络安全监察是打击犯罪的重要手段。计算机犯罪是一个国际化问题，作为国家专政机关的一个组成部分，公共信息网络安全监察工作自然具有打击犯罪的任务。随着国家经济信息化进程的推进，计算机信息系统将会成为犯罪分子攻击的主要目标，为此，利用以计算机技术为核心的高技术进行犯罪活动将成为今后刑事犯罪的一大趋势，我们必须加强高技术犯罪问题的研究，公共信息网络安全监察工作将成为打击刑事犯罪活动的重要手段。

(二) 公共信息网络安全监察工作的一般原则

1. 预防与打击相结合的原则

预防为目的，打击是手段。公共信息网络安全监察的目的是防止公共信息网络违法行为和安全隐患的发生，防患于未然；一旦发生了有关安全问题，公安机关将根据相关的法律规定，依法予以查处，依法追究责任，打击违法行为和犯罪行为。

2. 专门机关监管与社会力量相结合

坚持走群众路线，广泛发动和依靠社会力量，使专门机关职能与社会力量结合起来。一方面要充分发挥计算机信息系统使用部门、社会学术团体、科研和教学机构、生产和销售部门等社会力量的积极性和创造性，形成以公安机关为主导，社会力量相结合的工作机制；另一方面公安机关作为主管部门，要切实加强对安全保护工作的领导，组织、协调有关部门做好各自的职责范围内的工作，各部门要密切配合，避免政出多门。

3. 纠正与制裁相结合的原则

纠正为目的，制裁为手段，公安机关在对违反公共信息网络安全法的行为人和事的监管时，首先是制止和纠正违法行为，其次才是根据情节予以相应的制裁，切不可一罚了事，以罚代管。

4. 教育与处罚相结合的原则

教育是目的，处罚只是手段。虽然我国公共信息网络用户急剧扩大，但广大用户对计算机安全的法律意识和法律知识缺乏，对安全问题的危害认识不足，因此，公安机关在广泛宣传的同时，对违法行为的处理要把握住教育与处罚的关系，教育为主，寓教于罚，通过处罚的手段达到教育的目的。

（三）公共信息网络安全监察的任务

对全国公共信息网络实施安全监察是公安工作的一个重要组成部分。其主要职能是指导并组织实施公共信息网络和国际互联网的安全保护工作；组织实施对计算机信息网络的安全监察；依法查处计算机违法犯罪案件。

"保障安全"是安全工作的出发点和落脚点，是安全监察工作的根本目标。主要任务是：

1. 依法加大对国际互联网安全管理力度，强化安全管理的基础工作。对联网单位实行以安全责任制为核心的安全防范管理，建立健全安全管理制度和安全防范机制，落实安全组织，完善安全技术措施，保障国际互联网健康有序地发展。

2. 加大对互联网上违法犯罪活动的打击力度，保障社会稳定，维护社会治安秩序和广大网民的合法权益。

3. 加强对经济领域信息网络的安全保护。

4 加强对计算机信息系统安全产品的管理。

5. 加强公共信息网络安全防范技术和产品的研究、开发，为提高公共信息网络安全技术防范能力，提供了必要的技术支持。

6. 开展对公共信息网络从业人员和公共信息网络安全监察人员的安全培训教育。

加强和扩大国际计算机安全的交流与合作，提高社会的安全意识和公安机关的管理、执法水平。

第二章　计算机网络数据通信基础

随着我国社会的进步和时代的发展，我国已经进入了互联网时代，并且已经向云时代迈进。在这样的情况下我们对计算机通信技术的依赖程度也就越来越高，可以说目前世界范围内人们对计算机通信的依赖程度都在普遍提高。本章首先分析了数据通信的相关基础性知识，接着进一步探讨了差错控制，最后详细地研究了数据交换技术等相关的内容。

第一节　数据通信概述

一、数据通信的概念和特点

（一）数据通信的概念

数据是包含有一定内容的物理符号，是传送信息的载体，如字母、数字和符号等。信息是指数据在传输过程中的表示形式或向人们提供关于现实世界事实的知识，它不随载荷符号的形式不同而改变。数据是信息传送的形式，信息是数据表达的内涵。

在通信领域中，通常把语言和声音、音乐、文字和符号、数据、图像等统称为消息。这些消息所给予接受者的新知识称为信息。信息一般可以分为话音、数据和图像三大类型。数据通信就是按照通信协议，利用传输技术在功能单元之间传递数据信息，从而实现计算机与计算机之间、计算机与其终端之间及其他数据终端设备之间的信息交互而产生的一种通信技术。数据通信是计算机和通信相结合的产物，使人们可以利用终端实现远距离的数据交流和共享。为了保证数据通信有效而可靠地进行，通信双方必须按一定的规程（或称协议）进行通信，如收发双方的同步、差错控制、传输链路的建立、维持和拆除及数据流量控制等。①

在当前社会，数据通信主要的通信方式有网页浏览、文件下载、在线视频播放、电子购物等。例如，当我们从某个网站下载一首歌曲时，必须先接入因特网，然后才能下载所需的歌曲，这就属于一种数据通信方式。Internet，又称作因特网、互联网、网际网等，是目前世界上规模最大的计算机网络，它的广泛普及和应用是当今信息时代的标志之一。Internet 的前身是诞生于 1969 年的 ARPA Net（Advanced Research Projects Agency Network）。1969 年美国国防部高级研究计划局（ARPA）提出将多个大学、公司和研究所的多台计算机互联成为一个计算机网络——ARPA Net。进入 20 世纪 80 年代末后，ARPA Net 逐渐发展为国际性的计算机互联网络——Internet。因特网的运行也需要一套协议，TCP/IP 协议就是互联网事实上的标准。

（二）数据通信的特点

与传统的电话业务相比，数据业务有以下四个基本特点：

（1）计算机直接参与，有较多的机—机、人—机对话，而电话业务主要是人与人之间的通信；

（2）准确性、可靠性较高；②

（3）速率高，接续、响应时间快；

（4）时间差异大，突发性强。

同时，随着云时代的来临，高速增长的数据业务呈现出了更新的趋势，人们常常用"大数据"时代来形容当下的数据通信网络。大数据的特征可以用四个"V"来概括，即：Volume、Variety、Value、Velocity。

（1）数据体量巨大（Volume）。海量的视频数据对数据传输、存储、并发处理的要求极高。

（2）数据类型多（Variety）。数据类型大体可以分为结构化数据和非结构化数据两种。其中，结构化数据以文本为主，非结构化数据包括网络日志、音频、视频、图片、地理位置信息等。这些多类型的数据对数据的处理能力提出了更高要求。

（3）价值密度低（Value）。价值密度是有价值的数据量与数据总量的比值。如何在海量的数据中提取出有价值的信息，这是对信息处理技术的一大挑战。

---

① 邵汝峰，及志伟. 现代通信概论［M］. 北京：中国铁道出版社，2019：62.

② 曹晓宝. 心理测试技术原理与应用研究［M］. 武汉：武汉大学出版社，2019：221.

（4）处理速度快（Velocity）。现在的数据流量从 PB 级至 EB 级不等，并呈快速增长趋势。因此，不仅要求网络能够从这些海量的数据中提取数据，而且对提取速度也提出更加严格的要求。

二、数据传输方式和数据通信系统

（一）数据传输方式

从不同的角度出发，数据传输方式可以进行不同的分类。

1. 单工、半双工和全双工

（1）单工通信

单工通信传输方式是指两个通信终端间的信号只能在一个方向上传输，即一方仅为发送端，另一方仅为接收端。例如，传统的电视、广播等都是单工通信方式。

（2）半双工通信

半双工通信方式是指两个通信终端可以互传数据信息，都可以发送或接收数据，但不能同时发送和接收，而只能在同一时间一方发送，另一方接收。

（3）全双工通信

全双工通信方式是指两个通信终端可以在两个方向上同时进行数据的收发传输。双工技术可以分为时分双工（TDD）和频分双工（FDD）通信。

2. 并行传输和串行传输

（1）并行传输

并行传输是指数据以成组的方式，在多条并行信道上同时进行传输。常用的方式是数据按其码元数分成 n 路（通常 n 为一个字符长度，如 8 路、16 路、32 路等），并行在 n 路信道中进行传输。

并行传输的优点是传输速度快，一次传送一个字符，因此收发双方不存在字符的同步问题，不需要另加"起""止"信号或其他同步信号来实现收发双方的字符同步。但是，并行通信需要多条信道、通信线路复杂、成本较高。

（2）串行传输

串行传输是指数据流以串行方式在一条信道上传输，即数字信号序列按信号变化的时间顺序，逐位从信源经过信道传输到信宿。串行传输只需要一条传输信道，易于实现，成本较低。但是，传输速度远远慢于并行传输。

3. 同步传输与异步传输

在串行传输时，接收端如何从串行数据码流中正确地划分出发送的一个个字符所采取的措施称为字符同步。根据实现字符同步的方式不同，数据传输可以分为同步传输和异步传输。

（1）异步传输

异步传输一般以字符为单位，无论所采用的字符代码长度为多少位，在发送每一个字符代码时，前面均加入一个"起"信号；字符代码后面均加入一个"止"信号。起、止信号的加入可以方便区分串行传输的"字符"，即实现串行传输收发双方字符的同步。

字符可以连续发送，也可以单独发送。当不发送字符时，连续发送"正"信号。因此，每一个字符的起始时刻可以是任意的，因此称为异步传输（字符之间是异步的）。异步传输的优点是字符同步实现简单，收发双方的时钟信号不需要严格同步；其缺点是对每一个字符都需要加入"起、止"码元，降低了系统的传输效率。

（2）同步传输

同步传输每次以固定的时钟节拍来发送数据信号，因此在一个串行的数据流中，各信号码元的相对位置都是固定的（即同步）。在同步传输中，数据的发送以帧为单位，在帧的开头和结束位置上加入预先规定的起始序列和终止序列作为标志，以便实现帧同步。

与异步传输相比，同步传输在技术上较为复杂，收发双方必须建立位同步和帧同步；但是，由于不需要对每个字符加入单独的"起、止"比特，因此传输效率高，为高速传输系统。

（二）数据通信系统

通信的目的就是信息传输与交换。通信水平的高低对社会成员之间的合作程度有直接的影响，与社会生产力的发展有着密切的联系。人与人之间最古老的通信方式是面对面的语言交流，文字的产生使人们可以通过写信的方式与远方的亲朋好友互通音信，电话和电视的相继出现使"顺风耳和千里眼"神话变为现实。当今的信息社会，高度发展的通信技术使人们出行便捷，而四通八达的宽带网络能把人们的视野带到世界上任何一个角落。这一切都得益于数字化通信技术的高速发展。从通信技术的发展过程看，它经历了从简单到复杂、从有线到无线、从电缆到光缆、从模拟到数字、从窄带到宽带的发展过程。目前通信技术不仅渗透到人们的生活中，也早已渗透到工业生产领域的各行各业中。在制造业的生产过程控制中，通信技术已经与传感技术、计算机技术、网络技术等相结合，成为工业制造过程中的高级"神经中枢"。

一个基本的点对点通信系统可由图 2-1 中的模型进行描述，其作用是将源系统的信息通过某种信道传递到目的系统。源系统包括信源和发送器，其中信源的作用是将各种需要传输的信息转换成原始电信号；发送器的作用是对原始电信号做某种变换，使其能够适合在信道中传输。信道是指信号传输的通道。目的系统包括信宿和接收器，接收器能够从接收的信号中恢复出相应的原始信号；而信宿则负责将复原的原始信号转换成相应的信息。噪声源是信道中的噪声级分散在通信系统其他各处的噪声的集中表示。

图2-1 一种通信系统的简化模型

上述模型是对一般通信系统的简化描述，仅考虑了系统的某些共性。针对具体的研究对象及所关心的问题，上述通信系统模型可以用更为具体的形式进行表达。例如，信道中传输的如果是模拟信号，则需要调制器将原始信号转换为频带适合信道传输的信号，并在接收端通过解调器进行相应的反变换，则上述模型中的发送器和接收器可分别改为调制器和解调器。如果信道中传输的是数字信号，则在信号传输过程中还要采用编码/解码、加密/解密、调制/解调、同步、数字复接、差错控制等一系列的技术。

三、数据通信系统的分类和功能

（一）数据通信系统的分类

根据信号的形式、特点以及关注的角度不同，通信系统可以有多种不同的分类方法。

1. 按信息的物理特征分类

根据通信所传递的信息内容的物理特征不同，通信系统可以分为语音通信、数据通信、可视图文、视频通信或多媒体通信等。我们日常生活中的电话、传真、广播电视、多媒体网络等就属于上述不同类型的通信，有的通信则综合了多种特征类型，如多媒体网络通信。

2. 按调制方式分类

信源发出的信号由于种种原因，有时并不能直接通过信道进行传输。这时就需要对原始信号的频带进行变换，使其变为适于信道传输的形式，这个过程就叫调制。根据是否采用调制，通信系统可以分为基带传输和频带传输。基带传输就是不需要通过调制，信号可以直接在信道上进行传输的一种方式，主要应用于数字信号的传输。频带传输是对各种信号调制传输的总称。另外，随着信息传送量的剧增，原来的频带传输速度已无法满足要求，需要通过提高信道的载波频率来提高信息的传输速度，通信领域中把信道的最高频率与最低频率之差称之为频带的宽度，即"带宽"。通常带宽越大，表示信息传输的能力越强，速度越快。通常把信道带宽为 100 MHz 以上的称为宽带，相应的传输方式就称为宽带传输。

3. 按传输媒质分类

根据信息传输时所采用媒质的不同，通信系统可以分为有线通信和无线通信。有线通信主要包括明线通信、电缆通信、光缆通信等，其特点是媒质看得见、摸得着。无线通信主要包括微波通信、短波通信、卫星通信、散射通信等，其特点是媒质看不见、摸不着。

4. 按信号复用方式分类

为了提高信道的利用率，在数据的传输中组合多个低速的数据终端共同使用一条高速的信道，这种方法称为"多路复用"。常用的复用技术包括"频分复用""时分复用"和"码分复用"三种。频分复用是用频谱搬移的方法使不同信号占据不同的频率范围；时分复用是用抽样或脉冲调制方法使不同信号占据不同的时间区间；码分复用则是用一组包含互相正交的码字的码组携带多路信号。

5. 按信号特征分类

根据信道中传输的是模拟信号还是数字信号，可以相应地把通信系统分为模拟通信系统与数字通信系统两类。

模拟通信系统的信源发出的基带信号具有频率较低的频谱分量，一般不宜直接传输，通常需要通过调制变换成频带信号再传输，并在接收端通过解调反变换，还原成基带信号。数字通信系统是利用数字信号来传递信息的通信系统，由于数字信号中只含有 0 和 1 两种状态，抗干扰能力较强。根据传输距离的长短和介质条件，可以通过基带传输，也可以通过频带传输，还可以通过宽带传输。数字通信中涉及的技术问题很多，主要有编码/解码、调制/解调、数字复接、同步、差错控制以及加密/解密等。

(二) 数据通信系统的功能

为了完成不同数据终端设备间数据的有效、可靠传输，要求数据通信系统必须具备如下功能。

（1）接口功能。建立设备与传输系统之间的接口是进行通信的必要条件。

（2）产生信号。信号的产生必须满足一定的条件——能够在传输系统上进行有效、可靠传输；能够被接收器转换为数据。例如，报文格式化，即收、发双方必须就数据交换或传输的格式达成一致的协议。

（3）寻址和路由选择。传输系统必须保证只有目的站系统才能收到数据，即寻址。由于达到目的站的路径可能不止一条，需要从中选择合适的路由，即选路。

（4）同步。收、发双方必须达成某种形式的同步，接收端应能准确判断信号的开始时间、结束时间以及每个信号单元的持续时间。

（5）差错控制。为保证系统传输的可靠性，系统需要具备差错检验和纠正的能力。

（6）流量控制。为避免系统超载，需要进行流量控制以防止源系统数据发送过快。

（7）拥塞控制。传输设备通常会被多个正在通信的设备所共享。为保证系统不会因过量的传输服务请求而超载，需要引入拥塞控制技术。

（8）恢复。当信息正在交换时，若因系统故障而中断，则需使用恢复技术，使系统能够从中断处继续工作，或把系统恢复到数据交换前的状态。

（9）网络管理。为保证系统正常运行，需要各种网络管理功能来设置系统、监视系统状态，以便在发生故障和过载时进行处理。

四、数据通信系统的评价指标

评价一个数据通信系统性能的指标主要包括带宽、数据传输速率、最大传输速率、吞吐量、利用率、码元传输速率、延迟及延迟抖动、差错率。

1. 带宽

根据研究对象的不同，带宽可以分为信道带宽和信号带宽。信道带宽是指一个信道能够传送电磁波的有效频率范围；信号带宽是指信号所占据的频率范围。

2. 数据传输速率

数据传输速率是指每秒能够传输的比特数，单位为 bit/s。

3. 最大传输速率

最大传输速率是指信道传输数据速率的上限。

4. 吞吐量

吞吐量是指信道在单位时间内成功传输的信息量。

5. 利用率

利用率等于吞吐量和最大数据传输速率之比。

6. 码元传输速率

码元传输速率为单位时间内传输的码元个数，单位为 chip/s。

7. 延迟及延迟抖动

延迟是指从发送者发送第一位数据开始，到接收者成功地收到最后一位数据为止所经历的时间，可分为传输延迟和传播延迟。传输延迟与数据传输速率、收发信机及中继和交换设备的处理速度有关；传播延迟与传播的距离有关。延迟的实时变化称为延迟抖动；抖动往往与设备处理能力和信道拥塞程度有关。

8. 差错率

差错率是衡量通信系统可靠性的重要指标。在数据通信系统中，常用的差错率指标主要包括：比特差错率、码元差错率和分组差错率。比特差错率是指二进制比特位在传输过程中被误传的概率；码元差错率是指码元被误传的概率；分组差错率是指数据分组被误传的概率。

第二节　差错控制

在计算机通信中，为了提高通信系统的传输质量而提出的有效地检测错误并进行纠正的方法称为差错检测和校正，简称差错控制。差错控制的主要目的是减少通信中的传输错误，目前还不可能做到检测和校正所有的错误。①

一、差错控制的基本思路和技术原理

（一）差错控制的基本思路

差错控制的基本思路是：在发送端被传输的信息序列附加一些码元（称为监督码），这些附加码元与信息码元之间存在某种确定的约束关系；接收端根据既定的约束规则检验信息码元与监督码元之间的关系是否被破坏，从而使接收端可以发现传输中的错误，甚至可以纠正错误。码的检错和纠错能力是用信息量的冗余来换取的。一般说来，添加的冗余越多，码的检错、纠错能力越

---

① 倪伟. 工业控制网络技术及应用 [M]. 北京：机械工业出版社，2022：27.

强，但信道的传输效率也下降越多。用纠（检）错控制差错的方法能够提高数字通信系统的可靠性，但这是以牺牲有效性为代价换来的。[①]

假如要传送 A、B 两个消息。第一种编码方式：消息 A 用"0"表示，消息 B 用"1"表示。若传输中产生错码（"0"错成"1"或"1"错成"0"），接收端无法发现，则该编码无检错、纠错能力。第二种编码方式：消息 A 用"00"表示，消息 B 用"11"表示。若传输中产生一位错码，变成"01"或"10"，则接收端可以判决是有错的（因"01"和"10"为禁用码组），但无法确定错码位置，不能纠正。这表明增加一位冗余码元后，码具有检出一位错码的能力。第三种编码方式：消息 A 用"000"表示，消息 B 用"111"表示。若传输中产生一位或两位错码，都变成禁用码组，接收端判决传输有错，则该编码具有检出两位错码的能力。在产生一位错码的情况下，接收端可以根据"大数"法则进行正确判决，能够纠正这一位错码。例如，若收到"001"，则错了 1 个码的可能性较大，因而将最后一位纠正，应该发送的是消息 A。这种编码具有纠正一位错码的能力。以上实例表明，增加两位冗余码元后的码具有检出两位错码及纠正一位错码的能力。由此可见，纠错编码之所以具有检错和纠错能力，确实是因为在信息码元外添加了冗余码元（监督码元）。

（二）差错控制技术的原理

从差错控制角度看，按加性干扰引起的错码分布规律的不同，信道可以分为三类：随机信道、突发信道和混合信道。在随机信道中，错码的出现是随机的，而且错码之间是统计独立的。例如，由正态分布白噪声引起的错码就具有这种性质。在突发信道中，错码是成串集中出现的，即在一些短促的时间段内会出现大量错码，而在这短促的时间段之间却又存在较长的无错码区间。这种成串出现的错码称为突发错码。产生突发错码的主要原因之一是脉冲干扰，如电火花产生的干扰。信道中的衰落现象也是产生突发错码的另一个主要原因。既存在随机错码又存在突发错码，而且哪一种都不能忽略不计的信道，称为混合信道。[②]

对于不同信道类型，应采用不同的差错控制技术，差错控制技术主要有以下四种。

（1）检错重发。在发送码元序列中加入差错控制码元，接收端利用这些

---

① 梁彦霞，金蓉，张新社. 新编通信技术概论［M］. 武汉：华中科学技术大学出版社，2021：40.
② 钱凤臣. 数据链技术［M］. 西安：西安电子科学技术大学出版社，2022：35.

码元检测到有错码时，利用反向信道通知发送端，要求发送端重发，直到正确接收为止。所谓检测到有错码是指在一组接收码元中知道有一个或一些错码，但是不知道该错码应该如何纠正。采用检错重发技术时，数据链系统需要有双向信道传送重发指令。

（2）前向纠错。前向纠错一般简称为 FEC（forward error correction）。这时接收端利用发送端在发送码元序列中加入的差错控制码元，不但能够发现错码，还能纠正错码。在二进制码元的情况下，能够确定错码的位置，就相当于能够纠正错码。采用 FEC 时，不需要反向信道传递重发指令，也不会因反复重发而产生时延，故实时性好。但是为了能纠正错误，而不是仅仅检测到有错码，与检错重发方法相比，前向纠错需要加入更多的差错控制码元，故前向纠错设备要比检错重发设备复杂。

（3）反馈校验。反馈校验时不需要在发送序列中加入差错控制码元。接收端将接收到的码元原封不动地转发回发送端。在发送端将它和原发送码元逐一比较。若发现有不同，则认为接收端收到的序列中有错码，发送端立即重发。这种技术的原理和设备都很简单，但是需要双向信道，传输效率也很低，因为每个码元都需要占用两次传输时间。

（4）检错删除。检错删除和检错重发的区别在于，在接收端发现错码后，立即将其删除，不要求重发。这种方法只适用在少数特定系统中，发送码元中有大量多余度，删除部分接收码元不影响应用。例如，当多次重发仍然存在错码时，这时为了提高传输效率不再重发，而采取删除方法。这样做在接收端虽然会有少许损失，但是却能够及时接收后续的信息。

上述四种技术中除第三种外，它们的共同点是在接收端识别有无错误。由于信息码元序列是一种随机序列，接收端无法预知码元的取值，也无法识别其中有无错误，所以在发送端需要在信息码元序列中增加一些差错控制码元，称为监督码元。这些监督码元和信息码元之间有确定的关系。比如某种函数关系，使接收端有可能利用这种关系发现或纠正存在的错码。

二、差错控制中的差错编码

目前，差错控制常采用冗余编码方案来检测和纠正信息传输中产生的错误。冗余编码的思想就是把要发送的有效数据在发送时按照所使用的某种差错编码规则加上控制码（冗余码）一起发送，当信息到达接收端后，再按照相应的规则检验收到的信息是否正确。差错检测编码有奇偶校验码、水平垂直奇偶校验码、循环冗余码等。差错纠错编码有海明码和卷积码等。下面仅对奇偶校验码和循环冗余码的使用进行介绍。

（一）奇偶校验码

采用奇偶校验码时，在每个字符的数据位（字符代码）传输之前，先要检测并计算出数据位中"1"的个数（奇数或偶数），并根据使用的是奇校验还是偶校验来确定奇偶校验位的设置，然后将其附加在数据位之后（最低位）进行传输。当接收端接收到数据后，重新计算数据位中包含的"1"的个数，再通过奇偶校验位就可以判断出数据是否出错。[①]

奇偶校验码比较简单，它被广泛应用于异步通信中。另外，奇偶校验码只能检测单个比特出错的情况，而当两个或两个以上的比特出错时，它就难以发挥作用。

（二）循环冗余码

循环冗余码是一种较为复杂的校验方法，它先将要发送的信息数据与一个通信双方共同约定的数据进行除法运算，并根据余数得出一个校验码，然后将这个校验码附加在信息数据帧之后发送出去。接收端在接收数据后，将包括校验码在内的数据帧再与约定的数据进行除法运算，若余数为 0，则表示接收的数据正确，若余数不为 0，则表明数据在传输的过程中出错。

三、计算机通信中差错的原因

我们首先要分析计算机通信中出现差错的原因，这对差错进行检测和控制都具有极为重要的意义。计算机通信中出现差错的原因主要是由于信号衰减、信号失真、噪声影响这三个因素造成的。

（一）信号衰减

人们应当最先明确的是信号衰减现象是无法避免的，目前尚没有任何一种传输介质对信号可以做到零损耗。这是因为信号在传输的过程中要经过网线、电缆、光纤等不同的介质。这些介质都会在信号传输中产生摩擦力，这种摩擦力必然会造成热能的散发与损耗，并且有一部分信号会被传输介质本身吸收。这种损耗和吸收必然会对计算机通信信号造成衰减，而信号传输的过程越长，那么信号衰减、失真的概率就越大，最终必然会引起信号差错的出现。

---

① 龚星宇. 计算机网络技术及应用 [M]. 西安：西安电子科技大学出版社，2022：37.

（二）信号失真

信号失真也是导致计算机通信中出现差错的根本原因之一，信号失真可以分为两个类型：一个类型是由于振幅所导致的信号失真，另一个类型则是由于延迟导致的信号失真。这两个类型的失真原因都与信号的传输过程有关，信号在传输过程中如果出现了波形和频率的改变就会造成信号失真，当然也有例外，如果传播的速度方面有着明显的差异同样会出现信号失真。信号失真的最终结果就是声频与音频不一致，从而造成信号的失真乃至于差错。

（三）噪音影响

噪音应当说是目前最大的环境污染源之一，这种污染在城市中最为常见，噪音污染除了对环境造成了污染还对计算机通信信号传输造成了影响。噪音影响计算机通信信号的最根本原因在于信号在传输的过程中会由于噪音的干扰而出现热噪声和传音现象，这些现象都会使通信信号产生失真现象，最终出现通信差错。

四、计算机通信中差错检测技术

目前我国使用的计算机通信差错检测技术大概有两种：一种是奇偶校验，另一种则是分块校验，这两种不同的检测技术都是目前较为常见的检测技术。

（一）奇偶校验技术

奇偶校验的方式是利用字符对信号进行必要的检测，通过终端对字符的反馈情况就可以对差错进行判断。其通常都应用在异步通信发送端，这种方式是将一个原本单纯的需要发送的信息分为两部分：一部分我们称之为信息码，另一部分我们则称为校验码。信息码本身就是原本需要发送的信息，而校检码则是用来对信号检测的字符，我们将这两部分绑定在一起成为一个数，这个数可能是奇数也可能是偶数。而这组绑定在一起的信息在被接收端收到后就会立刻对这组信号进行奇数和偶数的检查，来判断信计算机信号是否出现了差错。其依据的标准则是发送端所设置的校验规则。

（二）分块校验技术

分块校验应当说是一种基于数据块理论检测差错的方法。这种方法其实有着上面奇偶检校验的影子，其通常都是应用在同步通信的发送端。其原理是当信号进行发送时便将信号分为了若干个数据块，再将每一个数据块进行单独的分析和计算，从而得到一个校验码。这个校验码会跟随分块信息码一起被发送，而另一端则根据同样的规则对发送的数据进行检测最终得出是否存在差错的结论。

第三节　数据交换技术

一、数据交换技术的原理

计算机网络为一种复杂的拓扑结构，而拓扑结构又是由不同的、独立的计算机连接的。计算机网络包含通信子网、资源子网和网络操作系统三个部分。计算机网络的通信子网以及资源子网内均包含转接、访问的节点，还涉及一个链路。链路在通信子网、资源子网中有不同的表现形式，比如逻辑链路、物理链路等。这里以逻辑链路为例进行分析，逻辑链路在计算机网络中是指双绞线、同轴电缆、无线等，计算机以自身目前的网络状态实现数据传输或者是资源共享。计算机网络中的资源共享是指软件、硬件、通信、数据之间的共享。计算机网络数据交换技术是指在计算机网络内，当不同计算机操作使用期间，此项技术和每个独立设备构成信息交换的连接。计算机网络中最普遍的数据交换就是计算机到计算机网络设备的通信交换。计算机数据交换技术的应用简单，不涉及中间节点，虽然其优点明显，但是也存在着缺陷，那就是计算机网络数据交换技术的应用范围有限制，其可以单独应用在广域网或者局域网内，两网之间是不能做数据交换的。为了解决这项问题，就要在宿站点之间设置节点，以便让数据能达到目标站点。①

二、数据交换技术的分类

（一）电路交换技术

1. 电路交换技术的基本原理

数据通信中的电路交换指的是两台计算机或终端在互相通信之前需预先建立起一条实际的物理链路，在通信中自始至终使用该条链路进行数据信息传

---

① 孙玉芳. 计算机网络数据交换技术探究［J］. 卫星电视与宽带多媒体, 2022（17）.

输，并且不允许其他计算机或终端同时共享该链路，通信结束后再拆除这条物理链路。

当用户要求发送数据时，向本地交换局呼叫，在得到应答信号后，主叫用户开始发送被叫用户号码或地址；本地交换局根据被叫用户号码确定被叫用户属于哪一个局的管辖范围，并随之确定传输路由；如果被叫用户属于其他交换局，则将有关号码经局间中继线传送给被叫用户所在交换局，被叫端局呼叫被叫用户，从而在主叫用户和被叫用户之间建立一条固定的通信线路。在数据通信结束时，当其中一个用户表示通信完毕需要拆线时，该链路上各交换机将本次通信所占用的设备和通路释放，以供后续呼叫使用。

由此可见，采用电路交换方式，数据通信需经历呼叫建立（即建立一条实际的物理链路）、数据传输和呼叫拆除三个阶段。

电路交换属于预分配电路资源，在一次接续中，电路资源就预先分配给一对用户固定使用。不管在这条电路上有无数据传输，电路一直被占用，直到双方通信完毕拆除电路连接为止。

需要注意的是，数据通信中的电路交换是根据电话交换原理发展起来的一种交换方式，但又不同于利用电话网进行数据交换的方式。在电路交换数据网上进行数据传输和交换与利用公用电话交换网进行数据传输和交换的区别主要体现在两个方面：①不需要调制解调器；②电路交换数据网采用的信令格式和通信过程不同。

实现电路交换的主要设备是电路交换机，它由交换电路部分和控制电路部分构成。交换电路部分用来实现主叫用户和被叫用户的连接，其核心是交换网，交换网可以采用空分交换方式和时分交换方式；控制部分的主要功能是根据主叫用户的选线信号控制交换电路完成接续。

2. 电路交换技术的主要优点

（1）信息的传输时延小，且对一次接续而言，传输时延固定不变。

（2）交换机对用户的数据信息不进行存储、分析和处理，因此，交换机在处理方面的开销比较小，传送用户数据信息时不必附加许多控制信息，信息传输的效率比较高。

（3）信息的编码方法和信息格式由通信双方协调，不受网络的限制。

3. 电路交换技术的主要缺点

（1）电路接续时间较长。当传输较短信息时，电路接续时间可能大于通信时间，网络利用率低。

（2）电路资源被通信双方独占，电路利用率低。

（3）不同类型的终端（终端的数据速率、代码格式、通信协议等不同）

不能互相通信，这是因为电路交换机不具备代码变换、变速等功能。

（4）有呼损。当对方用户终端忙或交换网负载过重而呼叫不通时则出现呼损。

（5）传输质量差。电路交换机不具备差错控制、流量控制等功能，只能在"端—端"间进行差错控制。其传输质量较多地依赖于线路的性能，因而差错率较高。正因为电路交换方式自身的一些特点，使其适合于传输信息量较大、通信对象比较确定的用户。

（二）报文交换技术

1. 报文交换技术的基本原理

报文交换属于"存储—转发"交换方式，与电路交换的原理不同，它不需要提供通信双方的物理连接。当用户的报文到达交换机时，先将接收的报文暂时存储在交换机的存储器（内存或外存）中，当所需要的输出电路有空闲时再将该报文发向接收交换机或用户终端。报文交换是以报文为单位进行信息的接收、存储和转发，为了准确地实现报文转发，一份报文应包括以下三个部分：

（1）报头或标题：包括源地址、目的地址和其他辅助的控制信息等。

（2）报文正文：传输用户信息。

（3）报尾：表示报文的结束标志，若报文长度有规定则可省去此标志。

交换机中的通信控制器探询各条输入用户线路，若某条用户线路有报文输入，则向中央处理机发出中断请求，并逐字把报文送入内存储器。一旦接收到报文结束标志，则表示一份报文已全部接收完毕，中央处理机对报文进行处理，如分析报头、判别和确定路由、输出排队表等；然后将报文转存到外部大容量存储器，等待一条空闲的输出线路。一旦线路空闲，就再把报文从外存报文交换机存调入内存储器，经通信控制器向线路发送出去。在报文交换中，由于报文是经过存储的，因此通信就不是交互式或实时的。不过，对不同类型的信息可以设置不同的优先等级，优先级高的报文可以缩短排队等待时间。采用优先等级方式也可以在一定程度上支持交互式通信，在通信高峰时也可把优先级低的报文送入外存储器排队，以减少由于繁忙引起的阻塞。

2. 报文交换技术的主要优点

（1）可使不同类型的终端设备之间相互进行通信。因为报文交换机具有存储和处理能力，可对输入、输出电路上的速率和编码格式进行交换。

（2）在报文交换过程中没有电路接续过程，来自不同用户的报文可以在同一条线路上以报文为单位实现时分多路复用，线路可以以它的最高传输能力工作，大大提高了线路的利用率。

（3）用户不需要叫通对方就可以发送报文，所以无呼损。

（4）可以实现同报文通信，即同一报文可以由交换机转发到不同的收信地点。

3. 报文交换技术的主要缺点

（1）信息的传输时延大，而且时延的变化也大。

（2）要求报文交换机有高速处理能力且缓冲存储器容量大，因此交换机的设备费用高。由此可见，报文交换不利于实时通信，而适用于公众电报和电子信箱业务。

（三）分组交换技术

1. 分组交换技术的基本原理

分组交换也称为"包交换"，它是把要传送的数据信息分割成若干个比较短的、规格化的数据段，这些数据段称为"分组"（或称包），然后加上分组头，采用"存储-转发"的方式进行交换和传输；在接收端，将这些"分组"按顺序进行组合，还原成原数据信息。由于分组的长度较短，具有统一的格式，便于在交换机中存储和处理，"分组"进入交换机后只在主存储器中停留很短的时间进行排队和处理，一旦确定了新的路由，就很快传输到下一个交换机或用户终端。

分组由分组头和其后的用户数据部分组成。分组头含有接收地址和控制信息，其长度为 3~10 B；用户数据部分长度一般是固定的，平均为 128 B，最大不超过 256 B。

2. 分组交换技术的优点

（1）传输质量高

分组交换机具有差错控制、流量控制等功能，可实现逐段链路的差错控制（差错校验和重发）。而且对于分组型终端来说，在用户线部分也可以同样进行差错控制，因此，分组在网内传输的差错率大大降低，传输质量明显提高。

（2）可靠性高

在电路交换方式中，一次呼叫的通信电路固定不变，而分组交换方式则不同，报文中的每个分组可以自由选择传输途径。由于分组交换机至少与另外两个交换机相连接，因此，当网中发生故障时，分组仍能自动选择一条避开故障地点的迂回路由传输，不会造成通信中断。

（3）为不同类型的终端相互通信提供了方便

分组交换网进行存储—转发交换工作，并以 X. 25 建议的规程向用户提供统一的接口，从而能实现不同速率、码型和传输控制规程终端间的互通，同时也为异种计算机互通提供了方便。

（4）能满足通信实时性的要求

信息的传输时延较小，而且变换范围不大，能够较好地适应会话型通信的实时性要求。

（5）可实现分组多路通信

由于每个分组都含有控制信息，因此，尽管分组型终端和分组交换机之间只有一条用户线相连，但仍可以同时和多个用户终端进行通信。这是公用电话网和用户电报网等现有的公用网以及电路交换公用数据网所不能实现的。

3. 分组交换技术的主要缺点

（1）由于传输分组时需要通过交换机，有一定的开销，因而使网络附加的传输信息增多，造成长报文通信的传输效率降低。为了保证分组能按正确的路由安全、准确地到达终点，要给每个数据分组加上控制信息（分组头），除此之外，还要设计若干不含数据信息的控制分组，用来实现数据通路的建立、保持和拆除，并进行差错控制和数据流量控制等。由此可见，在交换网内除了用户数据传输外，还有许多辅助信息在网内流动。对于较长的报文来说，分组交换的传输效率低于电路交换和报文交换。

（2）要求交换机有较高的处理能力。分组交换机要对各种类型的分组进行分析和处理，为分组在网中的传输提供路由，并在必要时自动进行路由调整，为用户提供速率、代码和规程的变换，为网络的维护管理提供必要的信息等。因而要求具有较高处理能力的交换机，从而使大型分组交换网的投资较大。

三、数据交换技术的发展

互联网在当下社会中的发展速度极快，人们对计算机网络的需求也逐渐增大。计算机网络朝向大容量、高速率的方向发展。计算机网络数据交换技术得到了很好的发展机会。计算机网络交换技术可以满足用户对互联网的需求，由此计算机网络交换技术中也规划了发展的方向。

（一）量变发展

计算机网络数据交换技术朝向量变方向发展，也就是朝向高速的方向发展，计算机网络数据交换正逐渐由现行的千兆朝向万兆的方向发展，注重提升网络数据交换的速度。

（二）质变发展

计算机网络数据交换技术的质变发展中已经开始研究计算机网络的第七层应用层交换技术的应用，其目的就是推进计算机网络数据交换技术的深度发展，有效使用宽带资源，利用数据交换技术强化互联网的运用，提高计算机网络在用户群体中的服务质量，促使计算机网络进入智能化时代。

计算机网络数据交换技术发展中，不论是量变发展，还是质变发展，都是不能忽视的发展方向。计算机网络数据交换技术是未来计算机网络的发展重点，由此说明数据交换技术在计算机网络中的重要性。计算机网络需要有优质的通信环境，这样才能提高信息的流通效率。计算机网络交换技术是不可缺少的技术，此项技术满足人们对计算机网络通信的需求。计算机网络运行中应提高对数据交换技术的重视度，这样才能确保计算机网络数据交换的高效性。

第三章　计算机网络基本协议

计算机网络体系结构的形成与计算机网络本身的发展有着密切的关系。计算机和通信技术的结合形成了计算机网络，用户的应用要求促进了网络的发展。早期的网络都是各个公司根据用户的要求而独立开发的，尽管应用的要求千变万化，但对网络（通信）的要求却是一致的。计算机网络体系结构实质上是定义和描述一组用于计算机及其通信设施之间互连的标准和规范的集合，遵循这组规范可以很方便地实现计算机设备之间的通信。

第一节　物理层

物理层是 OSI/RM 协议模型的最底层，是传输实际数据位的唯一一层。物理层负责将比特数据在物理介质间进行可靠的传输，同时物理层还为数据链路层屏蔽物理介质上的差异，为其提供可靠、透明的比特数据传输服务。传感器网络的物理层提供健壮的信号调制和无线收发技术，并规范无线通信的工作频段、数据调制、信道编码等，负责产生载波信号等工作。物理层的设计直接影响传输能耗，通常需要考虑低成本、低功耗的设计原则。[①]

一、物理层的功能

物理层位于 OSI 参考模型的最底层，它直接面向实际承担数据传输的物理媒体（即通信通道），物理层的传输单位为比特（bit），即一个二进制位（"0" 或 "1"）。实际的比特传输必须依赖于传输设备和物理媒体，但是，物理层不是指具体的物理设备，也不是指信号传输的物理媒体，而是指在物理

---

① 郑霄龙，邓中亮. 无线传感器网络的低功耗共存技术 ［M］. 北京：北京邮电大学出版社，2022：7.

媒体之上为上一层（数据链路层）提供一个传输原始比特流的物理连接。

物理层虽然处于最底层，却是整个开放系统的基础。物理层为设备之间的数据通信提供传输媒体及互联设备，为数据传输提供可靠的环境。其主要作用可以归纳为如下几点。

（1）为数据端设备提供传送数据的通路，数据通路可以是一个物理媒体，也可以是多个物理媒体连接而成。一次完整的数据传输，包括激活物理连接、传送数据、终止物理连接。所谓激活，就是不管有多少物理媒体参与，都要在通信的两个数据终端设备间连接起来，形成一条通路；（2）传输数据，物理层要形成适合数据传输需要的实体，为数据传送服务。一是要保证数据能在其上正确通过，二是要提供足够的带宽 [带宽是指每秒钟内能通过的比特数]，以减少信道上的拥塞。传输数据的方式能满足点到点、一点到多点、串行或并行、半双工或全双工、同步或异步传输的需要。

二、物理层的特性

信号的传输离不开传输介质，而传输介质两端必然有接口用于发送和接收信号。因此，既然物理层主要关心如何传输信号，它的主要任务就是规定各种传输介质和接口与传输信号相关的一些特性。

（一）机械特性

物理层的机械特性也叫物理特性，指明通信实体间硬件连接接口的机械特点，如接口所用接线器的形状和尺寸、引线数目和排列、固定和锁定装置等。这很像平时常见的各种规格的电源插头，其尺寸都有严格的规定。

数据终端设备（Data Terminal Equipment，DTE）是具有一定数据处理能力和数据发送接收能力的设备，包括各种 I/O 设备和计算机。由于大多数的数据处理设备的传输能力有限，直接将相距很远的两个数据处理设备连接起来是不能进行通信的，所以要在数据处理设备和传输线路之间加上一个中间设备，即数据线路端接设备（Data Circuit-terminating Equipment，DCE，用来连接 DTE 与数据通信网络的设备）。DCE 在 DTE 和传输线路之间提供信号变换和编码的功能。

一般来说，DTE 的连接器常用插针形式，其几何尺寸与 DTE（例如 Modem 调制解调器）连接器相配合，插针芯数和排列方式与 DCE 连接器成镜像对称。

（二）电气特性

电气特性规定了在物理连接上导线的电气连接及有关的电回路的特性，一般包括接收器和发送器电路特性的说明、表示信号状态的电压/电流电平的识别、最大传输速率的说明，以及与互联电缆相关的规则等。

物理层的电气特性还规定了 DTE/DCE 接口线的信号电平、发送器的输出阻抗、接收器的输入阻抗等电气参数。

DTE/DCE 接口的各根导线（也称电路）的电气连接方式有非平衡方式、采用差动接收器的非平衡方式和平衡方式三种。

非平衡方式采用分立元件技术设计非平衡接口，每个电路使用一根导线，收发两个方向共用一根信号地线。由于使用共用信号地线，所以会产生比较大的串扰。

差动接收器的非平衡方式采用集成电路技术的非平衡接口。与前一种方式相比，发送器仍使用非平衡式，但接收器使用差动接收器。每个电路使用一根导线，但每个方向都使用独立的信号地线，使串扰信号较小。

平衡方式采用集成电路技术设计的平衡接口，使用平衡式发送器和差动式接收器，每个电路采用两根导线，构成各自完全独立的信号回路，使得串扰信号减至最小。

（三）功能特性

功能特性规定了接口信号的来源、作用以及其他信号之间的关系。

DTE/DCE 标准接口的功能特性主要是对各接口信号线做出确切的功能定义，并确定相互间的操作关系。对每根接口信号线的定义通常采用两种方法：一种是一线一义法，即每根信号线定义为一种功能；另一种是一线多义法，指每根信号线被定义为多种功能，此方法有利于减少接口信号线的数目。

（四）规程特性

规程特性指明利用接口传输比特流的全过程及各项用于传输的事件发生的合法顺序，包括事件的执行顺序和数据传输方式，即在物理连接建立、维持和交换信息时，DTE/DCE 双方在各自电路上的动作序列。

DTE/DCE 标准接口的规程特性规定了 DTE/DCE 接口各信号线之间的相互关系、动作顺序以及维护测试操作等内容。规程特性反映了在数据通信过程中，通信双方可能发生的各种可能事件。由于这些可能事件出现的先后次序不尽相同，而且又有多种组合，因而规程特性往往比较复杂。描述规程特性一种比较好的方法是利用状态变迁图。因为状态变迁图反映了系统状态的变迁过程，而系统状态迁移正是由当前状态和所发生的事件（指当时所发生的控制信号）所决定的。

以上 4 个特性实现了物理层在传输数据时，对于信号、接口和传输介质的规定。

三、物理层安全

物理层负责传输比特流，它从数据链路层（Data Link layer）接收数据帧（Frame），并将帧的结构和内容串行发送，即每次发送 1 bit。物理层定义了实际使用的机械规范和电子数据比特流，包括电压大小、电压的变动以及代表"1"和"0"的电平定义。在这个层中定义了传输的数据速率、最大距离和物理接头。

物理层安全风险主要指由于网络周边环境和物理特性引起的网络设备和线路的不可用，而造成网络系统的不可用。例如，设备被盗、设备老化、意外故障、无线电磁辐射泄密等。[①]

第二节　数据链路层

一、数据链路层的基本概念

（一）数据链路层的定义及协议

我们通常把连接相邻结点之间的通信信道称为链路（link），网络中源结点发送的分组通常要经过多段链路传输才能到达目的结点。数据链路层协议就是解决每一段链路上的数据传输问题的，相邻结点之间的链路以及该链路上采用的通信协议构成了数据链路（Data Link）的概念。

源结点到目的结点之间的端到端的传输可以通过同种类型的数据链路，也允许跨越不同类型的数据链路，这意味着可能采用不同的数据链路层协议。例如，一台主机通过电话网接入因特网，发送的分组可能在第一段链路中采用

---

① 李剑，杨军. 网络空间安全导论［M］. 北京：机械工业出版社，2021：51.

PPP 协议，在后来的一段链路中采用以太网协议，还可能要通过广域网的数据链路等。但是相邻结点的数据链路层必须采用同样的通信协议。

物理层向数据链路层提供了比特流传输服务，因此数据链路层不必再关心 0、1 信号的电气参数，也不必考虑接口的机械参数等。在计算机网络中，数据链路层主要提供分组的传输和链路的管理等更进一步的服务。

数据链路层传输的分组称为帧（frame）。在早期的通信标准中，常把数据链路的控制协议称作链路通信规程。在链路两端设备的通信会话中，需要交换控制信息，根据控制信息的组织形式，数据链路层协议分为面向字符的协议和面向比特的协议。

（1）面向字符的协议（Character-oriented Protocol），也称为面向字节的协议，使用完整的字节来做控制字符，通常使用某个字符集中定义的字符，如用 ASCII 字符集中的控制字符。

早期的一些协议，特别是大多数采用异步通信的调制解调器以及 IBM 的二进制同步通信（Binary Synchronous Communication，BSC 或称 BISYNC）协议都是面向字符的协议。

（2）面向比特的协议（Bit-oriented Protocol），用比特序列来定义控制码，而不使用控制字符。其优点是控制信息不受任何字符集的限制，具有编码和长度上的独立性，数据传输的透明性也优于面向字符的协议。一些同步通信中的协议如高级数据链路控制（High-Level Data Link Control，HDLC）协议就是面向比特的协议。

因为面向比特的协议更灵活和高效，现在大多数计算机网络中的数据链路层协议都是面向比特的。

（二）链路层向网络层提供的服务

数据链路层的设计目标就是为网络层提供各种需要的服务。实际的服务随系统的不同而不同，但是在一般情况下，数据链路层会向网络层提供以下三种类型的服务。

1. 无确认的无连接服务

"无确认的无连接服务"是指源计算机向目标计算机发送独立的帧，目标计算机并不对这些帧进行确认。这种服务，事先无须建立逻辑连接，事后也不用解释逻辑连接。正因如此，如果由于线路上的原因造成某一帧的数据丢失，则数据链路层并不会检测到这样的丢失帧，也不会恢复这些帧。出现这种情况的后果是可想而知的，当然在错误率很低，或者对数据的完整性要求不高的情况下，这样的服务还是非常有用的，因为这样简单的错误可以交给 OSI 上面的各层来恢复。如大多数局域网在数据链路层所采用的服务也是无确认的无连接服务。

2. 有确认的无连接服务

为了解决"无确认的无连接服务"的不足，提高数据传输的可靠性，引入了"有确认的无连接服务"。在这种连接服务中，源主机数据链路层必须对每个发送的数据帧进行编号，目的主机数据链路层也必须对每个接收的数据帧进行确认。如果源主机数据链路层在规定的时间内未接收到所发送的数据帧的确认，那么它需要重发该帧，这样发送方才能知道每一帧是否正确地到达对方。这类服务主要用于不可靠信道，如无线通信系统。

3. 有确认的面向连接服务

大多数数据链路层都采用向网络层提供面向连接的确认服务。利用这种服务，源计算机和目标计算机在传输数据之前需要先建立一个连接，该连接上发送的每一帧也都被编号，数据链路层保证每一帧都会被接收到，而且它还保证每一帧只被按正常顺序接收一次。这也正是面向连接服务与"有确认的无连接服务"的区别，在无连接有确认的服务中，在没有检测到确认时，系统会认为对方没收到，于是会重发数据，而由于是无连接的，所以这样的数据可能会重复发多次，对方也可能接收多次，造成数据错误。这种服务类型存在 3 个阶段，即数据链路建立、数据传输、数据链路释放阶段。每个被传输的帧都被编号，以确保帧传输的内容与顺序的正确性。大多数广域网的通信子网的数据链路层采用面向连接的确认服务。

二、数据链路层的主要功能

数据链路层最基本的服务是将源计算机网络层传来的数据可靠地传输到相邻节点的目标计算机的网络层。为达到这一目的，数据链路层必须具备一系列相应的功能，主要有：如何将数据组合成数据块（在数据链路层中将这种数据块称为帧，帧是数据链路层的传送单位）；如何控制帧在物理信道上的传输，包括如何处理传输差错和调节发送速率以使之与接收方相匹配；在两个网络实体之间提供数据链路通路的建立、维持和释放管理。这些功能具体表现在以下几个方面。

（一）帧同步

在常用的异步通信方式中必须实现帧同步。帧同步是指接收端应当能从收到的比特流中准确地区分出一帧的开始和结束，即接收端能正确地判断发送端发出的每一个帧的开始和结束的位置，以便正确地接收这些帧。

每个帧除了要传送的数据外，还包括校验码，以使接收端能发现传输中的差错。帧的组织结构必须设计成使接收端能够明确地从物理层收到的比特流中对其进行识别，即能从比特流中区分出帧的起始与终止，这就是帧同步要解决的问题。常用帧的定界方法有四种：

1. 字节计数法：这种方法以一个特殊字符表示一帧的起始并以一个专门字段来标明帧内的字节数。

2. 使用字符填充的首尾定界符法：该法用一些特定的字符来定界一帧的起始与终止，为了避免数据信息位中出现与特定字符相同的字符而被误判为帧的首尾定界符，可以在数据字符前填充一个转义控制字符以示区别，从而达到数据的透明性。

3. 使用比特填充的首尾标志法：该法以一组特定的比特模式（如0111110）来标志一帧的起始与终止。

4. 违法编码法：该法在物理层采用特定的比特编码方法时采用。①

（二）链路管理

数据链路层的"链路管理"功能包括数据链路的建立、维持和释放三个主要方面。当网络中的两个节点要进行通信时，数据的发送方必须确知接收方是否已处在准备接收的状态。为此通信双方必须先要交换一些必要的信息，以建立一条基本的数据链路。在传输数据时要维持数据链路，而在通信完毕时要释放数据链路。

（三）MAC 寻址

这是数据链路层中的 MAC 子层主要功能。这里所说的"寻址"与"IP 地址寻址"是完全不一样的，因为此处所寻找的地址是计算机网卡的 MAC 地址，也称"物理地址"或"硬件地址"，而不是 IP 地址。在以太网中，采用MAC 地址进行寻址，MAC 地址被写入每个以太网网卡中。这在多点连接的情况下非常必需，因为在这种多点连接的网络通信中，必须保证每一帧都能准确地送到正确的地址，接收方也应当知道发送方是哪一个站。

（四）区分数据与控制信息

由于数据和控制信息都是在同一信道中传输，在许多情况下，数据和控制信息处于同一帧中，因此一定要有相应的措施使接收方能够将它们区分开来，

---

① 王新良. 计算机网络 第 2 版［M］. 北京：机械工业出版社，2020：74.

以便向上传送仅是真正需要的数据信息。

（五）透明传输

这里所说的"透明传输"是指可以让无论是哪种比特组合的数据，都可以在数据链路上进行有效传输。这就需要在所传数据中的比特组合恰巧与某一个控制信息完全一样时，能采取相应的技术措施，使接收方不会将这样的数据误认为是某种控制信息。只有这样，才能保证数据链路层的传输是透明的。

第三节　网络层

计算机网络分为资源子网和通信子网。网络层就是通信子网的最高层，它在数据链路层提供服务的基础上向资源子网提供服务。网络层的作用是实现分别位于不同网络的源节点与目的节点之间的数据包传输，而数据链路层只负责同一个网络中的相邻两节点之间的链路管理及帧的传输等问题。因此，当两个节点连接在同一个网络中时，可能并不需要网络层，只有当两个节点分布在不同的网络中时，通常才会涉及网络层的功能，从而保证了数据包从源节点到目的节点的正确传输。而且，网络层要负责确定在网络中采用何种技术，使数据包从源节点出发选择一条通路通过中间的节点最终到达目的节点。[①]

一、网络层的主要功能

（1）数据传输功能。在物联网中，要求网络层能够把感知层感知到的数据无障碍、高可靠性、高安全性地进行传送，它解决的是感知层所获得的数据在一定范围内，尤其是在远距离传输时的问题。

（2）物联网网络层将承担比现有网络更大的数据量和面临更高的服务质量要求，物联网需要对现有网络进行融合和扩展，利用新技术以实现更加广泛和高效的互联功能。

（3）随着物联网的发展，建立端到端的全局网络将成为必须进行的网络设置。[②]

---

① 龚星宇. 计算机网络技术及应用［M］. 西安：西安电子科学技术大学出版社，2022：47.
② 李文娟，刘金亭，胡珺珺，赵瑞玉. 通信与物联网专业概论［M］. 西安：西安电子科学技术大学出版社，2021：130.

二、网络层提供的服务

通信网络提供的服务既有面向连接的服务，也有无连接的服务，前者应用的例子是 ATM 网络，后者应用的例子是因特网。TCP/IP 协议簇中的网络层协议 IP 是无连接的，为上层提供尽力交付的服务。

网络服务与通信子网提供的技术无关，通信子网可以采用各种类型的交换机和路由器，使用不同传输介质，互连的通信子网所采用的技术也可以是不同的。运输层得到的网络层提供的服务时，看不到通信子网实现的细节。可以类比家用电器使用电力网提供的服务，使用家用电器时只需将电源插头插入插座（相当于电力网用户与电力网之间的接口）。当然也有用电协议、插座尺寸、电压电流等技术指标，而电力网内部的构造，哪里设置变压器、用什么规格的传输线等对电力网用户是透明的。

（一）虚电路服务

虚电路（Virtual Circuit，VC）服务是面向连接的网络服务，在双方通信之前先要建立一条逻辑连接，通过发送呼叫连接请求分组（PDU），协商沿途经过的节点，用节点中的缓冲区和虚电路号标识一条逻辑信道连接，呼叫连接请求分组到达接收方后，接收方认可所建立的连接，发回连接接纳分组，沿原路返回到发送端。虚电路由源主机节点和目的主机节点之间的逻辑信道号（各段虚电路号）串联起来。虚电路采用的是资源预留机制，虚电路建立时，途经的节点要为各个逻辑信道预留缓冲区，并建立虚电路转发表。虚呼叫与虚电路都与存储、转发相联系。

分组在建立好的虚电路规定的路径上传输，分组按顺序传送到接收方。虚电路的设计思路是避免所传输的分组在每一个节点都需要进行路由选择，但是所传输的分组的首部中需要有虚电路标识，途经的节点通过分组携带的虚电路号，查找虚电路转发表，保证分组在建立好的虚电路路径上有序传输。数据传输完后，要拆除虚电路，释放所占用的资源。

虚电路的连接建立与运输层的连接建立的区别是，运输连接仅涉及所连接的两个端节点（端系统），而虚电路连接涉及多个节点，这些节点都要参与虚电路的建立，都知道经过该节点的所有虚电路。

虚电路之所以称为"虚"，是因为虚电路并不是独占整个路径的连接，而是与存储、转发相联系，分时、分段使用节点之间的物理连接，采用的是分组交换，在一对物理连接上可以建立多逻辑连接，用不同的虚电路号区别开来。虚电路服务类似人们日常使用的电话服务。而人们日常生活中使用的电话服务所采用的电路交换，一对通话者之间在连接建立起来后，就一直独占该电路连接，直至通话结束释放该连接以后，其他用户才能使用释放的电路路径建立新的连接。

（二）数据报服务

数据报（Datagram）服务是无连接的服务，数据报服务不保证所传送的分组不会丢失，也不承诺分组传输的时延。节点想什么时候发送分组就什么时候发送。分组需要携带完整的地址独立地在网络中传输，节点根据分组首部的地址，通过查找路由表，决定将分组转发到哪个路径。

不同分组在网络中经过的路径可能是不一样的，由于经过的路径不同和在网络中的时延不同，分组到达接收方时可能是无序的，目的节点会对到达的无序分组进行缓存，等到相关的分组都收到后，再按顺序交付给目的主机。这些相关的分组由 PDU 中的标识字段区分。

数据报服务是"尽力交付（Best-effort Service）"的服务，是没有质量保证的服务。因特网采用的就是数据报服务，有时也把 IP 分组称为 IP 数据报。与虚电路服务比较，数据报服务的健壮性比较好，当网络中某条路径出现故障时，独立传输的分组可以绕道传输。

每个分组独立发送，与其前后的分组无关。每个分组到达目的地所经过的路径可能是不一样的。网络层不提供服务质量承诺。端节点（主机）中的进程之间的可靠传输由运输层负责。这样可以使网络中的路由器做得比较简单，网络的造价降低，运行方式灵活，可以适应多种网络应用。数据报服务类似人们日常使用的邮政服务，在发送信件之前不需要建立连接，需要发信件时，将信件投入邮政信箱中即可。

三、网络路由的选择

网络中，通信子网在网络源节点和目的节点间提供了多条传输路径的可能性，网络节点在收到一个分组后，要确定向下一节点传送的路径，这就是路由选择，确定路由选择的策略称为路由算法。在数据报方式中，网络节点要为每个分组路由做出选择，在虚电路方式中，在连接建立时需要为本次传输的路由做出选择。

一个较好的路由选择算法应该具有如下特点：①正确性：算法必须是正确的。②简便性：算法不能太复杂，不能增加太多的时间开销。③公平性：算法对所有的用户都必须是公平的。④健壮性：不能因小故障而无法运行。⑤稳定性：算法对网络状态信息响应时间不能太灵敏，否则发生震荡。也不能太迟钝，否则起不到及时调节的作用。

1. 静态路由选择策略

静态路由选择策略不是利用网络状态信息进行路由选择，而是按照某种固定规则进行路由选择。这种固定的规则或者是选用特殊的静态路由策略，或者是由网管员在网络建成后设定。特殊的静态路由选择算法有泛洪路由选择、固定路由选择和随机路由选择等方式。

（1）泛洪路由选择

泛洪路由选择法是一种最简单的路由算法，又称为泛洪法，取洪水泛滥之意。一个网络节点从某条链路收到一个分组后，向除该条链路外的所有链路发送收到的分组。结果，最先到达目的节点的一个分组肯定经过了最短的路径，而且所有可能的路径都被尝试过。

这种方法可用于健壮性要求很高的场合，诸如军事网络，即使有的网络节点遭到破坏，只要源、目间还有一条信道存在，则泛洪路由选择法仍能保证数据的可靠传送。

另外，这种方法也可用于将一个分组从数据源传送到所有其他节点的广播式数据交换中。它还可被用来进行网络的最短路径及最短传输延迟的测试。

泛洪路由选择法存在无限制复制的问题，必须采取措施加以解决。无限制复制是指采用泛洪路由选择法后，由于泛洪法算法向所有链路发送收到的分组，即使分组已经到达目的端，还仍然向其他链路发送收到的分组，导致网络中的分组数目迅速增加，使网络出现拥塞现象。

可以采用两种方法来限制分组的无限制复制：

一种方法是在每个分组的首部中设置一个计数器，每当分组到达一个节点时，计数器自动加1。当计数器的计数值达到规定值时（如达到端到端所能到达的最大段数，又称为网络直径），即将该分组丢弃。

另一种方法是在每一个节点建立一个登记表，凡经过此节点的分组均进行登记。当某个分组再次通过该节点时，即将该分组丢弃。当然，这种方法所付出的代价是各节点都要计算机网络用去不少存储空间。建立登记表的方法可以有效地防止分组在网内无限制复制，这种方法在其他路由选择方法中也是很有用的。

（2）固定路由选择

固定路由选择是一种使用较多的路由算法。每个网络节点存储一张路由表格，表格中每一项记录对应着某个目的节点的下一节点或链路。当一个分组到达某节点时，该节点只要根据分组上的地址信息便可从固定的路由表中查出对应的目的节点及所应选择的下一节点。这张表格是由网管员在对整个系统进行配置时生成的，并且在此后相当一段时间保持固定不变。固定路由选择的优点是简便易行，在负载稳定、拓扑结构变化不大的网络中运行效果更好。它的缺点是灵活性差，无法应付网络中发生的拥塞和故障。

（3）随机路由选择

在随机路由选择方式中，收到分组的节点在所有与之相邻的链路节点中为分组随机选择一个相邻节点作为转发的路由。这种方式方法虽然简单，也较可靠，但选定的相邻节点往往不是最佳路由节点，增加了不必要的负担，而且分组传输延迟也不可预测，故此法应用不广。

2. 动态路由选择策略

动态路由选择要依靠网络当前的状态信息来决定路由，选择当前能最快到达目的节点的路由为转发路径。动态路由选择策略能较好地适应网络流量、拓扑结构的变化，有利于改善网络的性能。但由于算法复杂，会增加网络的负担，有时会因反应太快引起振荡或反应太慢不起作用。常见的动态路由选择算法有独立路由选择、集中路由选择和分布路由选择。

（1）独立路由选择

在独立路由选择中，各节点只根据本节点的状态来决定路由选择，与其他节点不交换状态信息，虽然不能正确确定距离本节点较远的路由选择，但还是能较好地适应网络流量和拓扑结构的变化。

一种简单的独立路由选择算法是热土豆（Hot Potato）算法。当一个分组到来时，节点必须尽快脱手，以最快的速度将其转发出去，就像拿到一个热土豆一样。具体的方法是看发往各链路的等待队列中，哪个队列最短，就将其放入该队列中去排队等候发送，而不管该队列方向通向何方。

这个方法固然简单，但并不准确。有时队列最短的方向并非正确的转发方向。独立路由选择策略对于网络负荷起伏的自适应性是相当好的，但是这种策略对于网络出故障的适应性却相当差，最容易产生的问题是兜圈子。

（2）集中路由选择

集中路由选择也像固定路由选择一样，在每个节点上存储一张路由表。不同的是，在集中路由选择算法中有一路由控制中心 RCC（Routing Control Center）定时收集网络状态，根据网络状态进行计算、生成节点路由表，并分送各相应节点。由于 RCC 利用了整个网络的信息，所以得到的路由选择是完美的。

集中路由选择策略的最大好处是各个节点不需要进行路由选择的计算，减轻了各节点计算路由选择的负担。集中路由选择策略还可以对进入网络的信息量进行某种流量控制，消除分组在网内兜圈子以及路由的振荡现象，这些特点使集中路由选择策略很有吸引力，但集中路由选择策略也存在着两个缺点：一是通往 RCC 线路上用于路由选择的通信量过分集中，越靠近 RCC，通信量越集中，导致靠近 RCC 的地方通信量的开销较大。另一个是可靠性问题，一旦RCC 出故障，则整个网络即会失去控制。

（3）分布路由选择

在分布路由选择中，每个节点周期性地同相邻节点交换状态信息，即获得相邻节点的状态信息，同时将本节点的路由信息通知周围的各节点，使这些节点不断地根据网络新的状态做出路由选择决定。由于路由的确定是由分布在网上的各节点进行的，所以称为分布式路由选择。

分布式路由的每个节点仍然保持一张路由表，该表说明本节点至网络中其余节点的传递时延、距离、中继链路数、至目的站路径中的排队总长度等。分布式路由选择以传输时延最小的路径为传输路径，对于传输时延大小的获得，节点可以直接发送一个特殊的称作"回声"（echo）的分组，接收到该分组的节点将其加上时间标记后尽快送回，这样便可测出时延。如果采用传递时延作路由算法参数，每一个节点每隔一段时间就向其相邻节点送一张至其余节点的路由表，各节点也同时能收到来自各相邻节点的类似的路由表。

四、网络拥塞与流量控制

（一）网络拥塞

通信子网中信息量太多，导致网络性能大大下降的现象称为网络拥塞。网络中的各种资源，比如网络节点中的缓冲器容量总是有限的。因此，如果不对进入网络的分组信息流量加以限制，进入网络的信息流量太多时就会出现信息流量过负荷使得网络来不及处理，以致引起信息流通过网络时受到比预计更长的时延，导致整个网络性能下降，在这种情况下，网络会处于拥塞状态，此时网络节点传送出去的信息流越来越少，它远少于进入网络的信息流，网络的吞吐量下降。

拥塞严重时甚至会导致网络通信业务陷入停顿。这种现象跟公众网中通常所见的交通拥挤一样，当节假日公路网中车辆大量增加时，各种走向的车流相互干扰，使每辆车到达目的地的时间都相对增加（即延迟增加），甚至有时在某段公路上车辆因堵塞而无法通行。

对于一个在理想情况运行的网络，整个网络的利用率为 100%，在轻负荷情况下，吞吐量随网络负荷的增加而线性增加。当网络负荷增加到网络设计吞吐量时，吞吐量随负荷的增加应维持不变。

一个实际的网络是不能达到理想网络的状态的。一个不加控制的实际网络，在轻负荷情况下，吞吐量随网络负荷的增加而线性增加，当网络负荷增加到一定程度后将出现拥挤，此时网络吞吐量反而下降，此时，从网络送出去的信息流少于进入网络的信息流。如果不采取措施，当所有的缓存器被占满而无法腾空时，网络内部无法转发信息流，信息传递停止，就出现了所谓"死锁"。而一个实际的网络如果采用流量控制，可以使吞吐量接近理想网络情况。

（二）流量控制

在网络中采取流量控制是防止拥挤、阻塞的办法。网络中的拥挤又分局部性拥挤和全局性拥挤，在网络中也是通过不同层次的流量控制来解决不同的拥挤的。网络中各层的流量控制在不同的环节、不同的层次分工进行。

网络中，引起拥塞的主要原因是有限的缓存空间被占满，所以，全局性的流量控制主要应在缓存器方面采取措施，保证进入网络的信息流有缓存空间存放，使其能够正常转发，从而避免拥塞。

1. 端主机—端主机的流量控制

端主机—端主机的流量控制主要有两种：

（1）传输前等待方式

在传输前等待方式中，每个端主机系统均设置有缓存区池。传输前，当源端主机和目的端主机建立通信连接时，系统就从缓存区池为这对通信分配一个最低限度的基本缓存空间，并保持到通信结束。这个分配的基本缓存空间，保证了这对端主机通信传输时的转发，避免了拥塞。如果传输信息流量较大，可根据需要再向系统动态地申请一个或多个基本缓存空间，并在使用完后，拆除连接，将占用资源返还给系统。

（2）缓存区预约方式

在两个主机之间的通信建立后，向主机预约缓存区空间，主机将以缓存空间容量通知主机，主机就按此指定的缓存空间容量发送数据。在预约的缓存区用完后，主机要等接收主机再次发出分配缓存区的通知后，再继续发送数据。当网络采用虚电路工作方式时，主机一旦建立了一条虚电路，就完成了缓存区的预约。当采用数据报方式时，主机在收到缓存区空间的通知时，才完成缓存区的预约，才能发送数据。

如果每个主机都能可靠地执行主机—主机流控方法，那么在主机间的通信就不会产生拥挤。但是主机间的通信是通过通信子网来完成的，如果通信子网中各节点存在拥挤现象，则仍然会大大增加信息的传递时延。因此，网络中，除了对主机—主机间的流控外，还必须对源节点—目的节点之间以及中间节点—中间节点进行流量控制。

2. 源节点—目的节点的流量控制

（1）窗口流控

当网络采用虚电路工作方式时，网络中的每一对通信节点间都存在一条虚通路。一条虚通路的分组可以通过"窗口流控"来进行控制。发送方必须按发送窗口尺寸大小来发送分组数据，在发送完这群分组后，必须等接收到的应答后，才能再发下一群分组。如果目的端节点处于拥挤状态，目的端节点可以在解除拥挤之前暂不返给应答，减少发送端进入子网的分组数目，实现流量控制。目的端节点也可以通知发送方发生拥挤，让发送方减小发送窗口尺寸，从而减少发送分组数目，实现流量控制。显然，窗口流控方式能对进网的流量加以限制，从而保证了通信子网内部维持适度的信息流量，不发生拥塞。

（2）重装死锁及防止

源节点—目的节点的流量控制需要解决的另外一个问题是重装死锁。假设发给一个端系统的报文很长，被源节点拆成若干个分组发送，目的节点收到这些分组后，需要将这些分组重新装配成报文递交给目的端系统。由于目的节点用于重装报文的缓冲区空间有限，而且它无法知道正在接收的报文究竟被拆成多少个分组，此时，就可能发生目的节点用完了它的缓冲空间，但它收到的分组仍然还不完整，无法拼装完整的报文递送给目的端系统。而此时可能邻节点仍在不断地向目的节点转发分组，但由于目的节点用完了缓冲空间，使它无法接收这些分组，形成死锁，这种情况称为重装死锁。

可以采用以下方法避免重装死锁：允许目的节点将不完整的报文递交给目的端系统；一个不完整的重装报文被检测出来则丢弃，并要求发送方重新发送；每个端节点配备一个后备缓存区，当重装死锁发生时，将不完整的报文暂时移至后备缓存区。

流量控制可以解决由于网络的拥挤引起的阻塞，也可解决由于拥挤引起的死锁。但网络在负荷不太重的情况下，有时也会发生存储转发死锁。

（3）中转节点—节点间的存储转发死锁

相邻节点间的流量控制，解决了局部的拥挤问题。当中转节点的缓冲区空间装满后，就可能造成分组既出不去也进不来的情况，这种情况称为存储转发死锁。

存储转发死锁是网络中最容易发生的故障之一，除了因网络负荷太重而发生死锁外，在网络负荷不很重时也会发生。死锁发生时，一组节点由于没有空闲缓冲区而无法接收和转发分组，节点之间相互等待，既不能接收分组也不能转发分组，并永久保持这一状态，严重的甚至导致整个网络的转换，此时，只能靠人工干预，重新启动网络解除死锁，但重新启动后并未解除引起死锁的隐患，所以可能再次发生死锁。死锁是由于控制技术方面的某些缺陷所引起的，起因通常难以捉摸，难以发现，即使发现，也常常不能立即修复。因此，在各层协议中都必须考虑如何避免死锁的问题。

第四节　运输层

运输层是整个网络体系结构中的关键层次之一。运输层向它上面的应用层提供通信服务它属于面向通信部分的最高层，同时也是用户功能中的最底层。[①] 运输层不仅仅为一个单独的结构层，它是整个分层体系协议的核心，没有运输层，整个分层协议就没有意义。

一、运输层的地位

从不同的观点来看运输层，则运输层可以被划入高层，也可以被划入低层。如果从面向通信和面向信息处理的角度看，运输层属于面向通信的低层中的最高层。如果从网络功能和用户功能的角度看，运输层则属于用户功能的高层中的最低层。

对通信子网的用户来说，希望得到的是端到端的可靠通信服务。通过运输层的服务来弥补各通信子网提供的有差异和有缺陷的服务。通过运输层的服务，增加服务功能，使通信子网对两端的用户都变成透明的。也就是说运输层对高层用户来说，它屏蔽了下面通信子网的细节，使高层用户看不见实现通信功能的物理链路是什么，看不见数据链路的规程是什么，看不见下层有多少个通信子网和通信子网是如何连接起来的，运输层使高层用户感觉到的就好像是在两个运输层实体之间有一条端到端的可靠的通信通路。

网络层是通信子网的一个组成部分，网络层提供的是数据报和虚电路两种服务，网络服务质量并不可靠。数据报服务，网络层无法保证报文无差错、无丢失、无重复，无法保证报文按顺序从发送端到接收端。虽然虚电路服务可以保证报文无差错、无重复、无丢失和按顺序发送接收报文。但在这种情况下，

---

① 陈勇，罗俊海，朱玉会，等. 物联网技术概论及产业应用 [M]. 南京：东南大学出版社，2013：68.

也并不能保证服务能达到 100%的可靠。由于用户无法对通信子网加以控制，所以无法采用通信处理机来解决网络服务质量低劣的问题。解决问题的唯一办法就是在网络层上增加一层协议，这就是运输层协议。

运输层服务独立于网络层服务，运输服务是一种标准服务。运输层服务适用于各种网络，因而不必担心不同的通信子网所提供的不同的服务及服务质量。而网络层服务则随不同的网络，服务可能有非常大的不同。所以，运输层是用于填补通信子网提供的服务与用户要求之间的间隙的，其反映并扩展了网络层的服务功能。对运输层来说，通信子网提供的服务越多，运输层协议越简单；反之运输层协议越复杂。

运输层的作用就是在网络层的基础上，完成端对端的差错纠正和流量控制，并实现两个终端系统间传送的分组无差错、无丢失、无重复、分组顺序无误。

二、运输层的功能

运输层的主要目的是给用户提供可靠的端到端的数据传送，即向会话层提供服务。要做到这一点，首先必须建立运输连接，同时还要进行适当的管理。

（一）连接管理服务

在运输连接中，运输层是运输服务的提供者，会话层是运输服务的用户，运输连接管理的主要内容是建立连接和释放连接。

在为两个会话实体建立运输连接时，运输层应具有如下功能：

1. 获得一条网络连接。
2. 网络连接的多路复用和分割。
3. 建立最佳的运输协议数据单元长度。
4. 选择进入数据传输阶段后可供使用的功能。
5. 映像运输地址到网络地址。
6. 对运输连接的识别。

在连接释放阶段，运输层的主要任务是释放运输连接，应包含说明释放原因和标识被释放连接的功能。

（二）对用户请求的响应

对用户请求的响应，包括对发送和接收数据请求的响应，以及特定请求的响应，如用户可能要求高吞吐率、低延迟或可靠的服务。

（三）建立通信

运输层建立通信过程中，可以提供面向连接的可靠认证服务和面向无连接的不可靠非认证服务。在 TCP/IP 网络体系结构中，集中体现该类服务的是 TCP 协议和 UDP 协议。

第五节　应用层

应用层主要面向应用提供应用服务和数据处理，需要针对具体的应用需求进行设计，并结合相应的应用场景和部署环境。应用层可以提供数据的查询和管理等功能，比如查询符合特定数据条件的节点集合等。应用层还可以为网络管理人员提供网络管理应用和服务，比如网络故障诊断和网络性能分析等。[①]

一、应用层概述

应用层（Application Layer）是 OSI 模型的第七层。应用层直接和应用程序接口并提供常见的网络应用服务，应用层也向表示层发出请求。

应用层是开放系统的最高层，是直接为应用进程提供服务的。其作用是在实现多个系统应用进程相互通信的同时，完成一系列业务处理所需的服务。其服务元素分为两类：公共应用服务元素 CASE 和特定应用服务元素 SASE。

CASE 提供最基本的服务，它成为应用层中任何用户和任何服务元素的用户，主要为应用进程通信，分布系统实现提供基本的控制机制；特定服务 SASE 则要满足一些特定服务，如问卷传送、访问管理、作业传送、银行事务、订单输入等。这些将涉及虚拟终端、作业传送与操作、问卷传送及访问管理、远程数据库访问、图形核心系统、开放系统互连管理等。

二、应用层的功能

属于应用的概念和协议发展得很快，使用面又很广泛，这给应用功能的标准化带来了复杂性和困难性。比起其他层来说，应用层需要的标准最多，但也

[①] 郑霄龙，邓中亮. 无线传感器网络的低功耗共存技术 ［M］. 北京：北京邮电大学出版社，2022：9.

是最不成熟的一层。

（一）运输访问和管理

文件运输与远程文件访问是任何计算机网络最常用的两种应用。文件运输与远程访问所使用的技术是类似的，都可以假定文件位于文件服务器机器上，而用户是在顾客机器上读、写整个或部分地运输这些文件，支持大多数现代文件服务器的关键技术是虚拟文件存储器，这是一个抽象的文件服务器。虚拟文件存储给顾客提供一个标准化的接口和一套可执行的标准化操作，隐去了实际文件服务器的不同内部接口，使顾客只看到虚拟文件存储器的标准接口。访问和运输远程文件的应用程序，有可能不必知道各种各样不兼容的文件服务器的所有细节。

（二）电子邮件

计算机网络上电子邮件的实现开启了人们通信方式的一场革命。电子邮件的吸引力在于像电话一样，速度快，不要求双方都同时在场，而且还留下可供处理的资料副本。

虽然电子邮件被认为只是文件运输的一个特例，但它有一些不为所有文件运输所共有的特殊性质。因为，电子邮件系统首先需考虑一个完善的人机界面，例如写作、编辑和读取电子邮件的接口，其次要提供一个运输邮件所需的邮政管理功能，例如管理邮件表和递交通知等。此外，电子邮件与通用文件运输的另一个差别是，邮件文电是最高度结构化的文本。在许多系统中，每个文电除了它的内容外，还有大量的附加信息域，这些信息域包括发送方名和地址、接收方名和地址、投寄的日期和时刻、接收复写副本的人员表、失效日期、重要性等级、安全许可性以及其他许多附加信息。

（三）虚拟终端

由于种种原因，可以说终端标准化的工作已完全失败了。解决这一问题的OSI方法是定义一种虚拟终端，它实际上只是带有实际终端的抽象状态的一种抽象数据结构。这种抽象数据结构可由键盘和计算机两者操作，并把数据结构的当前状态反映在显示器上。计算机能够查询此抽象数据结构，并能改变此抽象数据结构以使得屏幕上出现输出。

（四）其他功能

应用层的其他应用已经或正在标准化。在此，要介绍的是目录服务、远程作业录入、图形和信息通信。

1. 目录服务

它类似于电子电话本，提供了在网络上找人或查到可用服务地址的方法。

2. 远程作业录入

允许在一台计算机上工作的用户把作业提交到另一台计算机上去执行。

3. 图形

具有发送如工程图在远地显示和标绘的功能。

4. 信息通信

用于家庭或办公室的公用信息服务。例如智能用户电报、电视图文等。

第四章　计算机网络攻击技术

计算机网络攻击技术是计算机网络研究的重要组成部分。本章首先分析了网络扫描与网络监听，接着进一步探讨了网络入侵的相关内容，论述了网络后门的知识，最后详细地研究了恶意代码有关的内容。

第一节　网络扫描与网络监听

一、网络扫描

（一）网络扫描的基础知识

信息收集是指通过各种方式获取所需要的信息。信息收集是信息得以利用的第一步，也是关键一步，通过获取的数据可以分析网络安全系统，也可以利用它获取被攻击方的漏洞。因而无论是从网络管理员的安全角度还是从攻击者角度出发，它都是非常重要的、不可缺少的步骤。信息收集工作的好坏直接影响到入侵与防御的成功与否。[①] 信息收集分为三种：

①使用各种扫描工具对入侵目标进行大规模扫描，得到系统信息和运行的服务信息，这涉及一些扫描工具的使用。

②利用第三方资源对目标进行信息收集，比如常见的搜索引擎有 Google、百度等。Google Hacking 就是一种很强大的信息收集技术。

③利用各种查询手段得到与被入侵目标相关的一些信息。通常通过这种方式得到的信息会被社会工程学（通常是利用大众疏于防范的特点，让受害者掉入陷阱）这种入侵手法用到，并且社会工程学入侵手法也是最难察觉和防

---

① 丛佩丽，陈震，刘冬梅，等. 网络安全技术 [M]. 北京：北京理工大学出版社，2021：143.

范的。

网络扫描是信息收集的重要步骤，通过网络扫描可以进一步定位目标，获取与目标系统相关信息，同时为下一步的攻击提供充分的资料信息，从而大大提高攻击的成功率。网络扫描主要分三个步骤：

第一，定位目标主机或者目标网络。

第二，针对特定的主机进行进一步的信息获取，包括获取目标的操作系统类型、开放的端口和服务、运行的软件等。对于目标网络，则可以进一步发现其防火墙、路由器等网络拓扑结构。

第三，通过前面的两个步骤，对目标已经有了大概的了解，但仅凭此就要攻击这些信息还不够。根据前面扫描的结果可以进一步进行漏洞扫描，发现其运行在特定端口的服务或者程序是否存在漏洞。

网络扫描主要扫描以下几方面信息：

①扫描目标主机，识别其工作状态（开/关机）；

②识别目标主机端口的状态（监听/关闭）；

③识别目标主机操作系统的类型和版本；

④识别目标主机服务程序的类型和版本；

⑤分析目标主机、目标网络的漏洞（脆弱点）；

⑥生成扫描结果报告。

网络扫描大致可分为主机发现、端口扫描、枚举服务、操作系统扫描和漏洞扫描五个部分。

（二）网络扫描的常用工具

扫描工具对于攻击者来说是必不可少的工具，也是网络管理员在网络安全维护中的重要工具。扫描工具是系统管理员掌握系统安全状况的必备工具，是其他工具无法替代的，通过扫描工具可以提前发现系统的漏洞，做好防范。目前各种扫描工具有很多，比较常见的有 X - Scan、流光（Fluxay）、SuperScan 等。

1. X-Scan

X-Scan 是国内著名的综合扫描器之一，它完全免费，是不需要安装的绿色软件。其界面支持中文和英文两种语言，包含图形界面和命令行方式。X-Scan 主要由国内著名的民间黑客组织"安全焦点"完成，X-Scan 把扫描报告和安全焦点网站相连接，对扫描到的每个漏洞进行"风险等级"评估，并提供漏洞描述、漏洞溢出程序，方便网管测试、修补漏洞。

其采用多线程方式对指定 IP 地址段（或单机）进行安全漏洞检测，支持插件功能，提供了图形界面和命令行两种操作方式。扫描内容包括：远程操作系统类型及版本、标准端口状态及端口 BANNER 信息、CGI 漏洞、IIS 漏洞、RPC 漏洞等。

2. 流光（Fluxay）

流光是一款很好的 FTP、POP3 解密工具。其界面豪华，功能强大，是扫描系统服务器漏洞的利器。其虽然不再更新，但是仍可以检测到 Windows 系列的系统。

3. SuperScan

SuperScan 是功能强大的端口扫描工具。通过 ping 来检验 IP 是否在线；IP 和域名相互转换；检验目标计算机提供的服务类别；检验一定范围目标计算机是否在线和端口情况；工具自定义列表检验目标计算机是否在线和端口情况；自定义要检验的端口，并可以保存为端口列表文件；软件自带一个木马端口列表 trojans. lst，通过列表可以检测目标计算机是否有木马；同时，也可以自己定义修改这个木马端口列表。

（三）网络扫描的原理

网络扫描的基本原理是通过网络向目标系统发送一些特征信息，然后根据反馈情况，获得有关信息。网络扫描通常采用两种策略：被动式策略和主动式策略。所谓被动式策略就是基于主机之上。对系统中不合适的设置、脆弱的口令以及其他与安全规则抵触的对象进行检查。主动式策略是基于网络的，它通过执行一些脚本文件模拟对系统进行攻击的行为并记录系统的反应，从而发现其中的漏洞。利用被动式策略扫描称为安全扫描，利用主动式策略扫描称为网络安全扫描。

（四）网络扫描的技术

1. 端口扫描技术

端口扫描是指通过检测远程或本地系统的端口开放情况来判断系统所安装的服务和相关信息。其原理是向目标工作站、服务器发送数据包，根据反馈信息来分析出当前目标系统的端口开放情况和更多细节信息。

端口扫描是入侵者搜集信息的常用手法之一。一般来说，端口扫描有如下目的：

（1）判断目标主机中开放了哪些服务。网络服务一般采用固定端口，如 HTTP 服务使用 80 端口，如果发现 80 端口开放，也就意味着该主机安装有 HTTP 服务。

（2）判断目标主机的操作系统。一般情况下，每种操作系统都开放有不同的端口供系统间通信使用，因此根据端口号也可以大致判断出目标主机的信息系统。一般认为开放有 135、139 端口的主机为 Windows 系统；如果还有 5000 端口是开放的，则该主机为 Windows XP 系统。当然通过返回的网络堆栈信息，可以更精确地知道操作系统的类型。

如果入侵者掌握了目标主机开放了哪些服务、运行何种操作系统等情况，他们就能够使用相应的攻击手段实现入侵。因此，扫描系统并发现其开放的端口，对于网络入侵者来说是非常重要的。

很显然，如果要想了解端口的开放情况，必须知道端口是如何被扫描的。在端口扫描的具体实现中，扫描软件将尝试与目标主机的某些端口建立连接，如果目标主机的该端口有回复，则说明该端口开放，即为"活动窗口"。

（1）ICMP 扫描技术

ICMP 是 IP 层协议，常用的 Ping 命令就是利用 ICMP 协议实现的，在这里主要是利用 ICMP 协议最基本的用途——报错。根据网络协议，如果按照协议出现了错误，那么接收端将产生一个 ICMP 的错误报文。这些错误报文并不是主动发送的，而是由于错误，根据协议自动产生的。通过目标返回的 ICMP 错误报文，可以判断哪些协议正在使用。如果返回 Destination Unreachable，那么主机没有使用这个协议；相反，如果什么都没有返回的话，主机可能在使用这个协议，但是也可能是防火墙等软件将错误报文过滤掉。

（2）TCP 扫描技术

最基本的 TCP 扫描技术就是使用 Connect（），这种方法很容易实现。如果目标主机能够 Connect，就说明有一个相应的端口打开，不过这也是最原始和最先被防护工具拒绝的一种。在高级的 TCP 扫描技术中，主要利用 TCP 连接的三次握手特性来进行，也就是所谓的半开扫描。这些办法可以绕过一些防火墙，而得到防火墙后面的主机信息。当然，是在不被欺骗的情况下。

（3）UDP 扫描技术

在利用 UDP 扫描技术实现的扫描中，多是采用和 ICMP 扫描技术相结合的方式进行。还有一些特殊的就是 UDP 反馈。

一般的端口扫描的原理其实非常简单，只是简单地利用操作系统提供的 Connect（）系统调用，与每一个感兴趣的目标计算机的端口进行连接。如果端口处于侦听状态，那么 Connect（）就能成功；否则，这个端口不能用，也没有提供服务。这个技术的一个最大的优点是不需要任何权限，系统中的任何用户都有权利使用这个调用；另一个好处就是速度快，如果对每个目标端口以线性的方式使用单独的 Connect（）调用，那么将会花费相当长的时间。可以同时打开多个套接字，从而加速扫描，使用非阻塞 I/O 允许设置一个低的时间用尽周期，同时观察多个套接字。但这种方法的缺点是能够很容易被发觉，从而被过滤掉。目标计算机的日志文件会显示一连串的连接和连接时出错的服务信息，并且能很快地使它关闭。

2. 漏洞扫描技术

（1）漏洞扫描技术原理

漏洞扫描主要是通过以下两种方法检查主机是否存在漏洞：第一种，在端口扫描后得知目标主机开启后的端口以及端口上的网络服务，将这些相关信息与网络漏洞扫描系统提供的漏洞库进行匹配，查看是否有满足匹配条件的漏洞存在；第二种，通过模拟黑客的攻击手法，对目标主机系统进行攻击性的安全漏洞扫描，如测试弱势口令等。若模拟攻击成功，则表明目标主机系统存在安全漏洞。

（2）漏洞扫描技术的实现方法

第一，漏洞库的匹配方法。基于网络系统漏洞库的漏洞扫描的关键部分就是它所使用的漏洞库。通过采用基于规则的匹配技术，即根据安全专家对网络系统安全漏洞、黑客攻击案例的分析和系统管理员对网络系统安全配置的实际经验，可以形成一套标准的网络系统漏洞库，然后再在此基础之上构成相应的匹配规则，由扫描程序自动进行漏洞扫描的工作。这样漏洞库信息的完整性和有效性决定了漏洞扫描系统的性能，漏洞库的修订和更新的性能也会影响漏洞扫描系统运行的时间。因此，漏洞库的编制不仅要对每个存在安全隐患的网络服务建立对应的漏洞库文件，而且应当满足前面所提出的性能要求。

第二，插件（功能模块技术）技术。插件是由脚本语言编写的子程序，扫描程序可以通过调用它来执行漏洞扫描，检测出系统中存在的一个或多个漏洞。添加新的插件就可以使漏洞扫描软件增加新的功能，扫描出更多的漏洞。插件编写规范化后，用户可以用多种脚本语言编写的插件来扩充漏洞扫描软件的功能。这种技术使漏洞扫描软件的升级维护变得相对简单，而专用脚本语言的使用也简化了编写新插件的编程工作，使漏洞扫描软件具有很强的扩展性。

二、网络监听

（一）网络监听的概念

网络监听作为一种发展比较成熟的技术，在协助网络管理员监测网络传输数据、排除网络故障等方面具有不可替代的作用，因而一直备受网络管理员的青睐。然而，网络监听也给以太网安全带来了极大的隐患，许多的网络入侵往往都伴随着以太网内网络监听行为，从而造成口令失窃、敏感数据被截获等安全事件发生。网络监听是一种监视网络状态、数据流程以及网络上信息传输的管理工具，可以通过截获其他人网络上通信的数据流并从中提取重要信息的一种方法。也就是说，当黑客登录网络主机并取得超级用户权限后，若要登录其他主机，使用网络监听便可以有效地截获网络上的数据，这是黑客最常用的方法。① 但是网络监听只能应用于连接同一网段的主机，通常被用来获取用户密码等。

网络监听具有间接性和隐秘性。间接性是指网络监听利用现有网络协议的一些漏洞来实现，不直接对受害主机系统的整体性进行任何操作或破坏。隐蔽性是指网络监听只对受害主机发出的数据流进行操作，不与主机交换信息，也不影响受害主机的正常通信。

（二）网络监听的技术原理

在网络中，当信息进行传播的时候，可以利用工具将网络接口设置为监听模式，便可将网络中正在传播的信息截获或捕获，从而进行攻击。网络监听在网络中的任何一个位置模式下都可实施。下面介绍共享式局域网和交换式局域网下网络监听的主要工作原理。

1. 共享式局域网下的网络监听

共享式局域网采用的是广播信道，局域网内的每一台主机所发出的帧都会被全网内所有主机接收。一般网卡具有四种工作模式：广播模式、多播模式、直接模式和混杂模式。多播模式是指传送地址作为目的物理地址的帧可以被组内的其他主机同时接收，而组外主机却接收不到。但是如果将网卡设置为多播模式，它可以接收所有的多播传送帧，而不论它是不是组内成员。网卡的默认工作模式是广播模式和直接模式，即只接收广播的和发给自己的帧，具体来说，即使用 MAC 地址来确定数据包的流向，若等于广播 MAC 地址或是自己的 MAC 地址，则提交给上层处理程序，否则丢弃此数据。当网卡工作于混杂模式时，它不做任何判断，直接将接收到的所有帧提交给上层处理程序。共享式网络下的监听就是使用网卡的混杂模式。

2. 交换式局域网下的网络监听

共享式局域网主要的网络设备是集线器，也就是 Hub，主要工作在物理层。与共享式局域网不同，交换式局域网主要的网络设备是交换机，主要工作在数据链路层。在数据链路层，数据帧的目的地址是以网卡的 MAC 地址来标

---

① 赖清，林己杰，贾媛媛. 网络安全基础 [M]. 北京：中国铁道出版社有限公司，2021：89.

识。交换机在工作时维护着 ARP 的数据库，在这个库中记录着交换机每个端口绑定的 MAC 地址。当有数据报发送至交换机上时，交换机会将数据包的目的 MAC 地址与自己维护的数据库内的端口对照，然后将数据报发送至相应的端口中。不同于集线器的报文广播方式，交换机转发的报文是一一对应的。对于数据链路层而言，仅有两种情况会发送广播报文：一是数据报的目的 MAC 地址不在交换机维护的数据库中，此时报文向所有端口转发；二是报文本身就是广播报文。因此，这在很大程度上解决了网络监听的困扰，普通的网络监听软件如 Sniffer 就无法监听到交换环境下其他主机任何有价值的数据。

　　虽然交换式局域网能够抵御普通软件的监听，但也不是完全安全的，如 ARP 攻击。ARP 是地址解析协议，是一种将 IP 地址转换成物理地址的协议。ARP 具体来说就是将网络层地址解析为数据链路层的 MAC 地址。ARP 攻击是针对地址解析协议的一种攻击技术。此种攻击可让攻击者取得局域网上的数据封包甚至可篡改封包，且可让网络上特定计算机或所有计算机无法正常连接。ARP 攻击就是通过伪造 IP 地址和 MAC 地址实现 ARP 欺骗，能够在网络中产生大量的 ARP 通信量使网络阻塞，攻击者只要持续不断地发出伪造的 ARP 响应包就能更改目标主机 ARP 缓存中的 IP-MAC 条目，造成网络中断或中间人攻击。局域网中若有一台计算机感染 ARP 木马，则感染该 ARP 木马的系统将会试图通过"ARP 欺骗"手段截获所在网络内其他计算机的通信信息，并因此造成网络内其他计算机的通信故障。

　　（三）网络监听的防范

　　当成功地登录到一台网络主机并取得了这台主机的超级用户权限之后，往往要尝试登录或夺取网络中其他主机的控制权。而网络监听则常常能轻易获得用其他方法很难获得的信息。使用最方便的是在一个以太网中任何一台联网主机上运行监听工具，这是多数黑客的做法。网络监听的防范一般比较困难，通常可采取数据加密、网络分段以及运用 VLAN 技术。[①]

　　1. 数据加密

　　数据加密的优越性在于，即使攻击者获得了数据，如果不能破译，这些数据对他也是没有用的。一般而言，人们真正关心的是那些秘密数据的安全传输，使其不被监听和偷换。如果这些信息以明文的形式传输，就很容易被截获而且阅读出来。因此，对秘密数据进行加密传输是一个很好的办法。

---

　　① 王叶，李瑞华，孟繁华. 黑客攻防　从入门到精通　实战篇　第 2 版 [M]. 北京：机械工业出版社，2020：225.

2. 网络分段

因为网络监听只能监听到本网段内的传输信息，所以可以采用网络分段技术，建立安全的网络拓扑结构。将一个大的网络分成若干个小的网络，如将一个部门、一个办公室等可以相互信任的主机放在一个物理网段上，网段之间再通过网桥、交换机或路由器相连，实现相互隔离。这样即使某个网段被监听了，网络中其他网段还是安全的。因为数据包只能在该子网的网段内被截获，网络中剩余的部分（不在同一网段的部分）则被保护。

3. 运用 VLAN 技术

运用 VLAN（虚拟局域网）技术，将以太网通信变为点对点通信，可以防止大部分基于网络监听的入侵。

第二节　网络入侵

一、网络入侵的概念

计算机网络现已渗透到人们的工作和生活中，随之而来的非法入侵和恶意破坏也越发。原有的静态、被动的安全防御技术已经不能满足对安全要求较高的网络，一种动态的安全防御技术——入侵检测技术应运而生。[①]

入侵是指在非授权的情况下，试图存取信息、处理信息或破坏系统以使系统不可靠、不可用的故意行为。网络入侵通常是指掌握了熟练编写和调试计算机程序的技巧，并利用这些技巧来进行非法或未授权的网络访问或文件访问、入侵公司内部网络的行为。早先站在入侵者的角度把对计算机的非授权访问称为破解。随着非法入侵的大量增多，从被入侵者角度出发的用以发现对计算机进行非授权访问的行为称为入侵检测。

二、计算机网络入侵手段

在计算机网络技术飞速发展的背景下，计算机网络入侵的技术与手段也在逐渐增多，为计算机用户的信息安全带来了极大的危害。在实际的计算机网络防御技术与系统的构建工作中，人们需要首先认识和了解计算机网络的入侵手

---

① 董洁. 计算机信息安全与人工智能应用研究［M］. 北京：中国原子能出版社，2022：52.

段。只有对计算机网络入侵与攻击方式有个全面的了解和掌握，才可以针对性、系统性地全面构建计算机网络防御系统与相关技术。

（一）病毒木马入侵

病毒木马入侵与攻击是计算机网络中比较常见的安全问题，严重危及网络的安全。计算机病毒具有变化众多、威胁大、特征众多、影响严重等特点。当计算机杀毒软件发现病毒并加以处理时，在原有基础上大多数病毒会对自身代码进行修改，由此产生一系列的全新特征，一些计算机病毒甚至可以在几分钟之内就可以实现对自身代码的更改。大多数计算机病毒会选择在计算机程序软件中依附，或借助移动便携设备来实现传播。U盘对于计算机病毒而言就是一个良好的移动设备载体，其依附在移动设备中，不容易被计算机用户发现，在很大程度上能够在计算机用户未察觉时传播至其他计算机设备中。现实生活中计算机病毒具有传播范围广、传播速度快且其种类众多，极容易对计算机设备的数据文件造成破坏，甚至破坏计算机硬件，导致计算机出现损坏，无法正常运行工作。[①]

通常情况下，计算机木马一般是程序员恶意制造而来，其主要是借助程序伪装成计算机程序、计算机工具或是计算机游戏，引诱用户将其打开。用户打开之后木马就会嵌入到用户计算机中，并滞留在计算机中，在计算机用户不知情的同时，木马能够让黑客控制计算机系统，并可以借助木马对计算机用户的在使用计算机时的一举一动进行监视，篡改甚至窃取计算机的数据信息。

（二）漏洞、端口扫描

在互联网时代，每一个应用都是一个程序，在开发程序时，不可避免会遇到设计不周全的问题，出现程序漏洞问题，或是程序开发者在开发程序时为了确保自身测试工作的顺利进行，往往会选择留有程序后门，此时黑客就会借助这些程序后门来攻击计算机。通常情况下，在攻击计算机时黑客会扫描和发现漏洞，并且在对漏洞资料查找后下载程序的相应编译工具，从而利用程序漏洞或是后门实现攻击。通常情况下，漏洞安全问题普遍存在于计算机系统或是计算机应用程序中，随着计算机网络技术的发展，漏洞攻击的周期逐渐缩短，其带来的威胁也在逐渐降低。

端口扫描一般是指通过对计算机端口扫描信息发送，黑客就可以达到攻击入侵计算机的目的，通过端口扫描的攻击方式，黑客能够知晓计算机的服务类

---

① 刘荣，吴万琼，陈鸿俊. 计算机网络入侵与防御技术［J］. 电子技术与软件工程，2021（11）.

型，从而在此信息基础上针对计算机的薄弱环节进行进一步攻击和入侵。例如，FTP、WWW 服务等都是黑客所常常针对的计算机服务类型，以此来达到攻击和入侵的目的。通常情况下，黑客会对计算机的资料进行主动收集，并针对目标计算机的操作系统、主机服务或网络等弱点来给予扫描攻击。根据攻击入侵计算机的目的，黑客会进行相关操作，从而深入攻击和渗透计算机系统中。在完成相应的计算机攻击入侵后，黑客还会在计算机中植入和留下木马，并对计算机账号进行克隆，从而实现后续对计算机的控制，同时还能够消除其攻击和入侵的痕迹，减少被发现的可能。

（三）拒绝服务攻击

如果常规方式不能对目标计算机系统和网络进行侵入和攻击时，黑客还经常会采用主机攻击方式侵入计算机中，通过攻击计算机主机，使计算机用户无法正常访问多种程序或是网络。此类计算机入侵攻击方式，其一般会选择消耗和占用计算机带宽资源来使计算机用户不得不请求中断网络数据。如今，常见的拒绝服务攻击类型有 Finger 炸弹等，这些拒绝服务攻击会严重影响到计算机用户的正常使用，并在攻击中不断窃取计算机用户的数据信息。在计算机网络安全领域，拒绝服务攻击难以防范，拒绝服务的主要控制者往往会控制成千上万数量的代理机，遍布整个网络，这无形之中增加了防御的难度。因此，在当前计算机安全领域中，拒绝服务防御是比较重要的研究内容。

（四）缓冲区溢出攻击

在计算机网络发展中，缓冲区溢出攻击主要是通过远程计算机网络攻击的方式来得到计算机本地系统权限，以此来达到计算机任意操作的执行或任意命令的执行。黑客可以借助缓冲区溢出对计算机进行入侵攻击能够通过计算机漏洞篡改和窃取计算机数据信息，并通过对相关信息的篡改来提高黑客的使用权限，从而加深对计算机的攻击和破坏。同时，利用缓冲区溢出攻击，黑客能够拷贝计算机中的数据资料，任意执行操作等，并能够毁灭操作的证据。缓冲区溢出攻击的主要目的与目标是干扰程序运行的功能，在对计算机主机控制的同时，导致程序失效、系统无法工作等后果。

（五）网络监听手段

除上述入侵与攻击手段外，黑客能够利用网络监听的形式与手段获取计算机用户的指令口令和计算机的相关数据信息。在计算机的运行过程中，如果要想与互联网连接，一般要配备网卡设备，而且为每台计算机分配唯一的 IP 地址。在同一局域网络数据传输过程中，以太网数据包头会包含主机的 IP 地址，在所有接收数据的计算机主机中，数据包地址与本身地址一致时才可以对数据包中的数据信息进行接收。通常情况下，网络监听就是借助该原理将监听程序设置在路由器、网关或防火墙等地点，同时将网络界面调整为监听模式，此时黑客就能够对网络主机进行入侵，并掌握同一局域网段主机传输的相关信息。

三、计算机网络入侵防御技术

（一）防火墙技术

防火墙是计算机中的一个重要防御体系，需要对其进行完整配置，并采用适当的加密技术，借助合适的动态入侵技术和防火墙技术，将具有不良信息的用户或是数据包进行阻拦。同时借助多种防御组合方式来构建计算机安全防护体系。从实际的应用效果而言，防火墙技术的主要功能是拦截和拒绝，能够在很大程度上保护计算机与网络安全，控制黑客对计算机的入侵与恶意访问，防止网络病毒入侵。

（二）入侵防范系统 IPS

在计算机网络发展过程中，计算机病毒木马处于不断更新之中，这大大提高了黑客攻击与入侵水平，此时传统计算机防火墙以及普通检测技术已经逐渐不能良好针对新型计算机病毒和木马，黑客会利用新型入侵与攻击技术对计算机的弱点进行扫描与利用，并加大对计算机的破坏。因此，全新的计算机防御技术引进已经成为一个迫在眉睫需要解决的问题。入侵防范系统 IPS 能够对计算机进行实时动态监测检测，能够通过计算机工作日志与网络带宽数据流量的分析及时发现不良数据包信息和恶意用户，并进行报警，联合计算机防火墙防止入侵与攻击的发生。在计算机网络中，IPS 主要分布在数据的出入口位置，其有别于计算机防火墙过滤技术，IPS 会主动采取措施截断不良数据信息传输与恶意攻击入侵行为。

（三）网络病毒检测防御系统

网络病毒检测防御系统是更加智能化的防火墙系统，其包括了计算机病毒检测与防御、恶意网站过滤与管理、恶意攻击入侵防御等功能，是企业级的网络防御系统。黑客能够利用扫描工具对计算机漏洞进行利用，并在此基础上实现计算机主机的控制。而网络病毒检测系统能够对网络病毒木马攻击入侵行为进行全面监视，并在攻击入侵时进行大规模提示预警，并做好初步的计算机防御工作，为网络管理员处理和解决病毒提供帮助，降低网络攻击入侵行为带来的损失。同时，网络病毒检测防御系统能够提供较为详细的网络病毒木马信息数据，并加以记录，使管理人员压力得到缓解。

（四）访问控制技术

通常情况下，系统管理员可以借助计算机访问控制技术来实现对用户计算机数据信息的控制访问。实际上，访问控制技术涵盖了主体、客体和授权访问三大部分，其中主体包括计算机终端、用户或用户群、主机应用等，客体包括字节、字段等。授权访问是指用户在使用计算机时被提前限定的访问权限。当黑客攻击并破坏计算机系统后，可以以单一计算机系统为跳板，继续对下一个计算机系统进行攻击。而当黑客控制多个节点后，就能够控制局域网络内的所有计算机或是服务器。而访问控制则能够阻止这一事件的发生，当黑客攻击破坏一个计算机系统后，访问控制技术能够防止黑客继续对下一个计算机进行访问和攻击，从而减少信息泄露的危害。

（五）数据备份

在计算机的使用中，用户需要定期对计算机内的数据信息进行备份。计算机的数据在进行传输中，每时每刻都有可能发生和出现故障情况，而定期进行数据备份，则能够防止计算机遭受攻击入侵而出现数据丢失的情况。因此，计算机用户养成定期对计算机数据信息进行备份的习惯，能够有效地减少计算机遭受入侵攻击时受到的损失。

第三节　网络后门

从早期的计算机入侵者开始，他们就努力发展能使自己重返被入侵系统的技术或后门。大多数入侵者的后门用来实现以下的目的：即使管理员改变密码仍然能再次侵入，并且再次侵入时被发现的可能性减至最低。大多数后门是设法躲过日志，这样即使入侵者正在使用系统也无法显示他已在线。有时如果入侵者认为管理员可能会检测到已经安装的后门，他们会以系统的脆弱性作为唯一后门，反复攻破机器。这里讨论后门都是假设入侵的黑客已经成功地取得了系统权限后的行动。

1. Rhosts++后门

在联网的 UNIX 机器中，像 Rsh 和 Rlogin 这样的服务是基于 rhosts 文件里的主机名使用的简单的认证方法，用户可以轻易地改变设置而不需口令就能进入。入侵者只要向可以访问的某用户的 rhosts 文件中输入"++"，就可以允许任何人从任何地方无须口令进入这个账号，特别当 home 目录通过 NFS 向外共享时，入侵者更热衷于此，这些账号也成了入侵者再次侵入的后门。许多人更喜欢使用 Rsh，因为它通常缺少日志能力。因为许多管理员经常检查"++"，所以入侵者实际上就多设置了来自网上的另一个账号的主机名和用户名，从而不易被发现。

2. 校验和及时间戳后门

早期许多入侵者用自己的"特洛伊木马"程序替代二进制文件。系统管理员便依靠时间戳和系统校验和程序辨别一个二进制文件是否已被改变，如UNIX 的 Sum 程序，为此入侵者发展了使特洛伊木马文件和原文件时间戳同步的新技术。它是这样实现的：先将系统时钟拨回到原文件时间，然后调整特洛伊木马文件的时间为系统时间，一旦二进制特洛伊木马文件与原来的时间精确同步，就可以把系统时间设回当前时间。Sum 程序是基于 CRC 校验，很容易骗过。入侵者设计出了可以将特洛伊木马的校验和调整到原文件的校验和的程序，MD5 是被大多数人推荐的。

3. Login 后门

UNIX 里 Login 程序通常用来对 Telnet 的用户进行口令验证。入侵者获取Login 的源代码并修改，使它在比较输入口令与存储口令时先检查后门口令。如果用户敲入后门口令，它将忽视管理员设置的口令，这将允许入侵者进入任何账号，甚至是 Root。由于后门口令是在用户真实登录并被日志记录到 UTMP和 WTMP 前产生的一个访问，所以入侵者可以登录获取 Shell 却不会暴露该账号，管理员注意到这种后门后，便用"strings"命令搜索 Login 程序以寻找文本信息。许多情况下后门口令会原形毕露，入侵者又会开始加密或者更好地隐藏口令，使 strings 命令失效，所以许多管理员是利用 MDS 来校验和检测这种后门的。

4. 服务后门

几乎所有的网络服务都曾被入侵者做过后门。有的只是连接到某个 TCP端口的 Shell，通过后门口令就能获取访问。管理员应该注意哪些服务正在运行，并用 MD5 对原服务程序做校验。

5. 库后门

几乎所有的 UNIX 系统都使用共享库。一些入侵者在 crypt. c 和_ crypt. c

这些函数里做了后门。像 Login 这样的程序调用了 crypt（），当使用后门口令时产生一个 Shell。因此，即使管理员用 MD5 检查 Login 程序，仍然能产生一个后门函数，而且许多管理员并不会检查库是否被做了后门。对于许多入侵者来说有一个问题：一些管理员对所有东西多做了 MD5 校验，那么有一种办法就是入侵者对 open（）和文件访问函数做后门，这样后门函数读原文件但执行特洛伊木马后门程序。所以当 MD5 读这些文件时，校验和一切正常，但当系统运行时将执行特洛伊木马版本，这样就使得即使特洛伊木马库本身也可躲过 MD5 校验。对于管理员来说有一种方法可以找到后门，就是静态编连 MD5 校验程序然后运行，因为静态连接程序不会使用特洛伊木马共享库。

6. 内核后门

内核是 UNIX 工作的核心。使库躲过 MD5 校验的方法同样适用于内核级别，甚至静态连接都不能识别。一个后门做得很好的内核是很难被管理员查找的，幸运的是现在内核的后门程序还不是随手可得。

7. 网络通行后门

入侵者不仅想隐置在系统里的痕迹，而且也要隐匿他们的网络通行后门。这些网络通行后门有时允许入侵者通过防火墙进行访问，有许多网络后门程序允许入侵者建立某个端口号并且不通过普通服务就能实现访问。因为这是通过非标准网络端口的通行，管理员可能忽视入侵者的足迹。这种后门通常使用TCP、UDP 和 ICMP，但也可能是其他类型报文。

8. TCP Shell 后门

入侵者可能在防火墙没有阻塞的高位 TCP 端口建立这些 TCP Shell 后门。许多情况下，他们用口令进行保护，以免管理员连接后立即看到的是 Shell 访问，这时管理员可以用 Netstat 命令查看当前的连接状态，哪些端口在侦听和目前连接的来龙去脉。TCP Shell 后门可以让入侵者躲过 TCP Wrapper 技术。

9. UDP Shell 后门

管理员经常注意 TCP 连接并观察其怪异情况，而 UDP Shell 后门没有这样的连接，所以 Netstat 不能显示入侵者的访问痕迹。许多防火墙设置成允许类似 DNS 的 UDP 报文的通行，但通常入侵者将 UDP Shell 放置在这个端口，允许穿越防火墙。

10. ICMP Shell 后门

Ping 是通过发送和接受 ICMP 包检测机器活动状态的通用办法之一。许多防火墙允许外界 Ping 它内部的机器，这样入侵者可以将数据放入 Ping 的ICMP 包中，在 Ping 的机器间形成一个 Shell 通道。管理员也许会注意到 Ping 包，但除非他查看包内数据，否则入侵者不会暴露。

第四节 恶意代码

一、恶意代码的概念和种类

（一）恶意代码的概念

恶意代码也称恶意软件，它是一种程序，是能够在信息系统上执行非授权进程能力的代码。恶意代码具有各种各样的形态，能够引起计算机不同程度的故障，破坏计算机的正常运行。① 恶意代码具有如下特征：恶意的目的、本身是程序、通过执行发生作用。有些恶作剧程序或者游戏程序也被看作是恶意代码。早期的恶意代码主要是指计算机病毒，但目前，蠕虫、特洛伊木马等其他形式的恶意代码日益兴盛。这些恶意代码通常具有不同的传播、加载和触发机制，并且有逐渐融合的趋势。当前，手机病毒已成为移动互联网的巨大隐患，以特定目标为攻击对象的高级持续性威胁攻击方兴未艾。

（二）恶意代码的种类

1. 计算机病毒

计算机病毒，是指编制或者在计算机程序中插入的破坏计算机功能或者毁坏数据，并能自我复制的一组计算机指令或者程序代码。破坏性和传染性是计算机病毒最重要的两大特征。

2. 特洛伊木马

特洛伊木马可以伪装成他类的程序。它看起来像是正常程序，一旦被执行，将进行某些隐蔽的操作。特洛伊木马具有隐蔽性和非授权性的特点。隐蔽性是指木马的设计者为了防止木马被发现，会采用多种手段隐藏木马。非授权性是指这个未经授权的程序提供了一些用户不知道的（也常常是不希望实现的）功能，如窃取口令、远程控制、键盘记录、破坏和下载等。

3. 下载者木马

下载者木马程序通过下载其他病毒来间接对系统产生安全威胁，此类木马

---

① 曹天杰，张爱娟，刘天琪，等. 网络空间安全概论［M］. 西安：西安电子科学技术大学出版社，2022：82.

程序通常体积较小，并辅以诱惑性的名称和图标诱骗用户使用。

4. 根工具箱

根工具箱是内核套件，是一个远程访问工具。攻击者可以使用根工具箱隐藏入侵活动痕迹，保留 ROOT 访问权限，还能在操作系统中隐藏恶意程序。根工具箱通过加载特殊的驱动，修改系统内核，达到隐藏信息的目的。

5. 逻辑炸弹

逻辑炸弹是一种只有当特定事件出现才进行破坏的程序，如某一时刻（一个时间炸弹），或者是某些运算的结果。逻辑炸弹在不具备触发条件的情况下深藏不露，系统运行情况良好，用户也感觉不到异常。但当触发条件一旦被满足，逻辑炸弹就会"爆炸"。病毒具有传染性，而逻辑炸弹是没有传染性的。

6. 网络蠕虫

网络蠕虫能够利用网络漏洞进行自我传播，其不需要用户干预即可触发执行的破坏性程序或代码，其通过不断搜索和侵入具有漏洞的主机来自动传播，不需要借助其他宿主。如红色代码、冲击波、震荡波和极速波等。

7. 肉机

肉机也被称为肉鸡、僵尸机，是指被其他计算机秘密控制的程序或计算机。僵尸网络几乎可以感染任何直接或无线连接到互联网的设备。个人电脑、移动设备、数字视频录像机、智能手表、安全摄像头和智能厨房电器都可能落入僵尸网络。

8. 恶意广告软件

恶意广告软件是一种支持嵌入在应用程序中的广告软件。程序运行时，会显示一则广告。广告软件与恶意软件相似，因为它利用广告使电脑感染致命病毒。弹出窗口持续出现在用户工作的屏幕上。通常恶意广告软件通过从因特网下载的免费软件程序和实用程序进入用户的系统。

9. 恐吓软件

恐吓软件的主要目的是在用户或受害者中制造担忧，诱使他们下载或购买不相关的软件。例如，当用户在网上浏览时，屏幕上弹出一个广告，警告该计算机感染了几十种病毒，需要下载或购买杀毒软件来删除它们。

10. 勒索软件

勒索软件即攻击者限制用户对系统的访问，然后要求在线支付一定数量的比特币，才能够解除该限制。勒索软件会对受害者系统上的一些重要文件进行加密，并要求支付一定的费用来解密这些文件。

11. 后门

后门指一类能够绕开正常的安全控制机制，从而为攻击者提供访问途径的一类恶意代码。攻击者可以通过使用后门工具对目标主机进行完全控制。后门攻击是指绕过传统的计算系统入口，创建一个新的隐藏入口来规避安全策略。在此攻击中，攻击者安装密钥记录软件或任何其他软件，并通过这些软件访问受害者的系统。

二、恶意代码的威胁

恶意代码是指一切破坏计算机可靠性、机密性、安全性和数据完整性的代码。恶意应用即表现出恶意行为的应用，是指在用户不知情或未授权等未完全知晓其功能的情况下，在移动终端安装或运行可执行文件、代码模块等用于不正当用途的应用。

恶意代码对应用软件的威胁，主要在于将恶意代码注入应用软件后，会形成含有恶意代码的恶意应用，主要用于获取不正当的经济利益。[①] 恶意应用主要分为以下几种：

（1）恶意扣费。隐瞒执行或欺骗用户点击，使用户经济遭受损失。例如，自动订购移动增值业务等。

（2）资费消耗。导致用户资费产生损失。例如，自动拨打电话、发送短信及自动连接蜂窝数据消耗流量等。

（3）隐私窃取。隐瞒用户，窃取用户个人的数据信息。例如，获取通讯录内容、地理信息、账号及密码等。

（4）诱骗欺诈。伪造篡改通讯录信息、收藏夹等数据，冒充运营商、金融机构等欺骗用户，以此达到不正当目的等。

（5）远程控制。在隐瞒用户或未得到用户允许的情况下，由控制端主动发出指令远程控制用户端，或强迫用户端主动向控制端请求指令等。

（6）恶意传播。在用户不知情的情况下发送含有恶意代码或链接的短信；利用远程红外、蓝牙、无线网络技术等传播恶意代码；自动向 SD 卡复制恶意代码；自动下载恶意代码，感染用户其他正常文件等。

（7）系统破坏。通过篡改、感染、劫持、删除或终止进程等方式导致移动终端的正常功能或文件信息不能使用；干扰、阻断或破坏移动通信网络服务或使合法业务不能正常运行，如导致电池电量非正常消耗等。

（8）流氓行为。在未得到用户许可的情况下，自动捆绑安装插件，添加、修改、删除收藏夹信息、快捷方式或弹出广告；强行驻留系统内存；额外大量占用 CPU 处理计算资源；无法正常退出、卸载、删除软件等。

---

① 刘家佳. 移动智能终端安全［M］. 西安：西安电子科技大学出版社，2019：60.

第五章　计算机网络安全

随着科技的不断发展和进步，计算机网络在人们的生活中占据的位置也越来越重要，承载了人们越来越多的生活和工作信息。也正因如此，计算机网络面临越来越多的安全问题。计算机自发明之初就始终以信息存储交换的方式来发挥自己的作用，随着科技的不断发展，互联网的诞生，产生了信息资源共享的概念，这样虽然扩大了计算机的应用范围与应用领域，但也对信息安全问题造成了前所未有的冲击，逐渐透明化的信息平台使得人们对自身隐私的保护能力越来越弱。因此，对计算机尤其是计算机网络必须采取多种安全措施，以保障其正常工作。本章主要论述了计算机网络概述、网络安全基本理论、网络安全现状、网络安全体系结构等内容。

第一节　计算机网络概述

一、计算机网络的定义

人们可以借助计算机网络进行网上办公、电子商务、远程教育和远程医疗，可以和世界任何地方的朋友聊天通话，可以查找和搜索各类所需的资料，可以说，计算机网络已经成为人们日常生活与工作中必不可少的一部分，已经成为信息存储、传播和共享的重要工具，推动着社会文明的进步。那么究竟什么是计算机网络呢？

最简单的计算机网络就是利用一条通信线路将两台计算机连接起来，即两个节点和一条链路。从用户角度来讲，整个网络像一个大的计算机系统一样，网络操作系统能自动为用户管理调用并完成用户所要调用的资源。计算机网络就是通过线路互联起来的、具有自行管理功能的计算机集合，确切地说，就是将分布在不同地理位置上的具有独立工作能力的计算机、终端及其附属设备用通信设备和通信线路连接起来，并配置网络软件，以实现计算机资源共享。按任务需求来讲，计算机网络是用大量独立的、但相互连接起来的计算机来共同完成计算机任务。

综上所述，计算机网络就是由一群具有独立功能的计算机通过通信媒介和通信设备互连起来，在功能完善的网络软件（网络协议和网络操作系统等）的支持下，实现计算机之间数据通信和资源共享的系统。也就是说，计算机网络技术＝计算机技术＋通信技术。[①]

二、计算机网络的组成

从不同的角度，可以将计算机网络的组成分为以下几类。

从组成部分上看，一个完整的计算机网络主要由硬件、软件、协议三大部分组成，缺一不可。硬件主要由主机（也称"端系统"）、通信链路（如双绞线、光纤）、交换设备（如路由器、交换机等）和通信处理机（如网卡）等组成。软件主要包括各种实现资源共享的软件和方便用户使用的各种工具软件（如网络操作系统、邮件收发程序、FTP程序、聊天程序等）。软件部分多属于应用层。协议是计算机网络的核心，如同交通规则制约汽车驾驶一样，协议规定了网络在传输数据时所遵循的规范。

从工作方式上看，计算机网络（这里主要指 Internet，因特网）可分为边缘部分和核心部分。边缘部分由所有连接到因特网上、供用户直接使用的主机组成，用来进行通信（如传输数据、音频或视频）和资源共享；核心部分由大量的网络和连接这些网络的路由器组成，它为边缘部分提供连通性和交换服务。

从功能组成上看，计算机网络由通信子网和资源子网组成。通信子网由各种传输介质、通信设备和相应的网络协议组成，它使网络具有数据传输、交换、控制和存储的能力，实现联网计算机之间的数据通信。资源子网是实现资源共享功能的设备及其软件的集合，向网络用户提供共享其他计算机上的硬件资源、软件资源和数据资源的服务。[②]

三、计算机网络的分类

计算机网络有许多种分类方法，其中最常用的有三种分类依据，即根据网

---

① 赵满旭，李霞. 大学计算机信息素养［M］. 西安：西安电子科学技术大学出版社，2022：54-55.
② 张瑞蕾，单维锋，李忠. 应急管理信息系统分析与设计［M］. 北京：北京交通大学出版社，2021：37-38.

络传输技术、网络覆盖范围和网络拓扑结构进行分类。

（一）按网络传输技术分类

1. 广播网络

广播网络的通信特点是共享介质，即网络上的所有计算机都共享它们的传输通道。这类网络以局域网为主，如以太网、令牌环网、令牌总线网、光纤分布数字接口（Fiber Distribute Digital Interface，FDDI）网等。

2. 点对点网络

点对点网络也称为分组交换网。点对点网络的特点是发送者和接收者之间有许多条连接通道，分组要通过路由器，而且每一个分组所经历的路径是不确定的。因此，路由算法在点对点网络中起着重要作用。点对点网络主要用在广域网中，如帧中继、异步传输方式（Asynchronous Transfer Mode，ATM）网络等。

（二）按网络覆盖范围分类

1. 局域网

局域网（Local Area Network，LAN）常用于构建实验室、建筑物或校园里的计算机网络，主要通过自建电缆或光缆连接个人计算机或工作站来共享网络资源和交换信息，覆盖范围一般为几千米到十几千米，不借助于公共电信网络联网。

2. 城域网

城域网（Metropolitan Area Network，MAN）比局域网的规模要大，一般专指覆盖一个城市的网络系统，通过城市公共电信网络实现联网通信，因此又称为都市网。

3. 广域网

广域网（Wide Area Network，WAN）的跨度更大，覆盖的范围可以为几十千米到几百千米，甚至是整个地球。其特点是利用公共电信网络实现跨地域联网。

4. 个域网

个域网（Personal Area Network，PAN）是一种覆盖范围更小的网络，其覆盖半径一般为 10 米以下，用于家庭、办公室或者个人携带的信息设备之间的互联。

（三）按网络拓扑结构分类

计算机网络的拓扑结构主要有总线形、环形、星形和树形等。

1. 总线形拓扑结构

总线形网络的各个节点都与一条总线相连，共享通信介质，网络中的所有节点设备通过总线传输数据，工作站通过网络连接器相连接，利用竞争总线的方式进行通信。总线形网络适用于局域网以及对实时性通信要求不高的环境。

2. 环形拓扑结构

环形网络表现为网络中各节点通过一条首尾相连的通信线路连接起来的一个闭合形结构网，工作站通过网络收发器相连接，利用令牌交接的方式来进行通信。环形网络适用于局域网以及具有一定实时性要求的环境。

3. 星形拓扑结构

星形网络的各工作站以中心节点（交换机）辐射的方式连接起来，共享中心节点设备，通过端口竞争的方式进行通信。网络中每个节点设备都以交换机为中心通过电缆与交换机相连。其特点是中心节点为控制中心，各节点之间的通信都必须经过中心节点转接。星形网络适用于局域网和广域网。

4. 树形拓扑结构

树形网络是总线网络与星形网络的自然分级形式。树形网络实际是由多级星形网络按层次排列而成的。树形网络适用于局域网以及数据需要进行分级传的环境，可以构成较大规模的局域网。

此外，还存在分布型（菊花链）、网状、全连接等拓扑结构的网络。①

四、计算机网络的功能

计算机网络不仅具有丰富的资源，还有多种功能，其主要功能是数据通信、资源共享和实现分布式处理、远程传输和集中管理。

（一）数据通信

计算机网络是现代通信技术和计算机技术结合的产物，其基本功能之一就是数据通信。计算机网络其实是一种计算机通信系统，它一方面实现了终端与计算机、计算机与计算机之间的数据信息传递，并根据需要对这些信息进行分散、分级或集中处理与管理；另一方面实现了计算机间的信息传输，为分布在不同地理位置的用户提供了强有力的通信支持，用户可以借助计算机网络发布

---

① 龚星宇. 计算机网络技术及应用 [M]. 西安：西安电子科学技术大学出版社，2022：3-4.

新闻信息，发送电子邮件，进行电子商务活动、远程教育和医疗等活动。

（二）资源共享

网络上的计算机彼此之间可以实现资源共享，包括软硬件资源和数据。信息时代的到来对资源的共享具有重大意义，所以，资源共享是计算机网络最本质的功能。计算机网络可以在全网范围内提供对处理资源、存储资源、输入或输出资源等昂贵设备的共享，如具有特殊功能的处理部件、高分辨率的激光打印机、大型绘图仪、矩形计算机以及大容量的外部存储器等，从而使用户减少重复购置，节约资源，提高设备的利用率，也便于集中管理和均衡分担负荷。

（三）实现分布式处理

网络技术的发展，使得分布式计算成为可能。对于大型的项目或者问题，若集中在一台计算机上运行，负荷过重，通过算法就可以拆分为许多小问题，由不同的计算机分别完成，然后再集中起来，解决问题。

利用网络技术还可以将许多小型机或大型机连成具有高性能的分布式计算机系统，使它具有解决复杂问题的能力，从而大大地降低管理费用。

（四）远程传输

计算机应用的发展，已经从科学计算发展到数据处理，从单机发展到网络。利用文件传输软件，可以将一个文件或者文件的一部分从一个计算机系统传到另一个计算机系统，实现对计算机文件的上传、下载和共享。利用远程传输功能可以访问远程计算机上的文件，或把文件传输至另一计算机上去运行（作为一个程序）或处理（作为数据），或把文件传输至打印机去打印。

（五）集中管理

计算机网络技术的发展和应用，已使得现代的办公手段、经营管理等均发生了变化。集中管理根本上是信息的集中，处理权仍在不同的利益团体。目前，已经有了许多管理信息系统和办公自动化系统等，通过这些系统可以实现日常工作的集中管理，提高工作效率，增加经济效益。

由此可见，计算机网络可以大大扩展计算机系统的功能，扩大其应用范围，提高可靠性，为用户提供方便，同时也减少了费用。①

---

① 赵满旭，李霞. 大学计算机信息素养［M］. 西安：西安电子科学技术大学出版社，2022：58-59.

第二节 网络安全基本理论

一、网络安全的定义

一般意义上讲，安全就是指客观上不存在威胁，主观上不存在恐惧，或者说没有危险和不出事故，不受威胁。就计算机网络系统来说，其安全问题也是如此，就是要保证整个计算机网络系统的硬件、软件及其系统中的数据，不受偶然的或者恶意的破坏、更改、泄露，系统连续、可靠、安全地运行，保证网络服务不中断。由于现代信息系统都是建立在网络基础之上的，网络安全本质上是网络上的信息安全。从广义上讲，凡是涉及网络上信息的保密性、完整性、可用性、可靠性和可控性等相关的理论和技术都是网络安全研究的领域。因此，网络安全包括网络系统运行的安全、系统信息的安全保护、系统信息传播后的安全和系统信息内容的安全等各方面的内容，即网络安全是对信息系统的安全运行、运行在信息系统中的信息的安全保护（包括信息的保密性、完整性、可用性、可靠性和可控性保护等）、系统信息传播后的安全和系统信息内容的安全的统称。

（一）信息系统的安全运行

网络系统运行的安全是信息系统提供有效服务（即可用性）的前提，主要是保证信息处理和传输系统的安全，本质上是保护系统的合法操作和正常运行。主要涉及计算机系统机房环境的保护，法律、政策的保护，计算机结构设计上的安全可靠运行，计算机操作系统和应用软件的安全，电磁信息泄露的防护等，它侧重于保证系统正常运行，避免因系统的崩溃和损坏而对系统存储、处理和传输的信息造成破坏和损失，避免因电磁泄漏产生信息泄露、干扰他人（或受他人干扰）。

（二）网络系统的安全保护

网络系统信息的安全保护主要是确保数据信息的保密性和完整性等，包括用口令鉴别、用户存取权限控制、数据存取权限、方式控制、安全审计、安全问题跟踪、计算机病毒防治、数据加密等。

（三）信息传播安全

网络上的信息传播安全，即信息传播后的安全侧重于防止非法、有害信息的传播和控制传播后的后果；避免公用通信网络上大量自由传输信息的失控，本质上是维护道德、法律或国家利益。

（四）网络系统信息内容的安全

网络系统信息内容的安全侧重于网络信息的保密性、真实性和完整性；避免攻击者利用系统的安全漏洞进行窃听、冒充和诈骗等有损用户的行为，本质上是保护用户的利益和隐私。①

二、网络安全的内容

按照网络安全的机构层次来划分，网络安全可以分为物理安全、运行系统安全和网络信息安全三个部分。

（一）物理安全

物理安全即实体安全，是指保护计算机设备、网络设施等硬件设施免遭地震、水灾、火灾、雷击、有害气体和其他环境事故（包括电磁污染等）的破坏，以及防止人为的操作失误和各种计算机犯罪导致的破坏等。

物理安全是网络系统安全的基础和前提，是不可缺少和不可忽视的重要环节。只有安全的物理环境，才有可能提供安全的网络环境。物理安全可以进一步分为环境安全、设备安全和媒体安全。环境安全包括计算机系统机房环境安全、区域安全、灾难保护等；设备安全包括设备的防盗、防火、防水、防电磁辐射及泄漏、防线路截获、抗电磁干扰及电源防护等；媒体安全包括媒体本身安全及媒体数据安全等。

（二）运行系统安全

运行系统安全的重点是保证网络系统能够正常运行，避免由于系统崩溃而使系统中正在处理、存储和传输的数据丢失。因此，运行系统安全主要涉及计算机硬件系统安全、软件系统安全、数据库安全、机房环境安全和网络环境安全等内容。

---

① 王新良. 计算机网络　第 2 版 ［M］. 北京：机械工业出版社，2020：273-274.

（三）网络信息安全

网络信息安全就是要保证在网络上传输的信息的机密性、完整性和真实性不受侵害，确保经过网络传输、交换和存储的数据不会发生增加、修改、丢失等情况。网络信息安全主要涉及安全技术和安全协议设计等内容。通常采用的安全技术措施包括身份认证、访问权限、安全审计、信息加密和数字签名等。另外，网络信息安全还应当包括防止和控制非法信息或不良信息的传播。

二、网络安全的要素

网络安全的重点是保证传输信息的安全性，它涉及机密性、真实性、可靠性、不可抵赖性、有效性及可控性等，它们共同构成了网络安全的核心要素。

（一）机密性

机密性是指要保证在网络上传输的信息不被泄露，防止非法窃取。通常采用信息加密技术来防止信息泄露。此外，还可以采用防窃听和防辐射等预防措施。

（二）真实性

真实性就是指在网络环境中能够对用户身份及信息的真实性进行鉴别，防止伪造情况的发生。

（三）可靠性

可靠性是网络系统安全的基本要求，要保证网络系统在规定的时间和条件下完成规定的功能。可靠性涉及计算机系统硬件可靠性、计算机系统软件可靠性、网络可靠性、环境可靠性和人员可靠性等内容。

（四）不可抵赖性

不可抵赖性是指要保证在网络环境中，参与者不能对其曾经的操作或承诺抵赖或否认，防止否认行为。在电子商务应用中该特性十分重要，它是保证电子商务正常开展的基础。不可抵赖性通常采用数字签名、身份认证、数字信封及第三方确认等机制予以保证。

（五）有效性

有效性是指能够对网络故障、误操作、应用程序错误、计算机系统故障、计算机病毒以及恶意攻击等产生的潜在威胁予以控制和防范，在规定的时间和地点能够保证网络系统是有效的。①

三、网络安全的重要性

随着计算机网络的普及和发展，我们的生活和工作都越来越依赖于网络。与此相关的网络安全问题也随之凸显出来，并逐渐成为企业网络应用所面临的主要问题。那么，网络安全这一议题是如何提到人们的议事日程中来的呢？

网络发展的早期，人们更多地强调网络的方便性和可用性，而忽略了网络的安全性。当网络仅仅用来传送一般性信息的时候，当网络的覆盖面积仅仅限于一幢大楼、一个校园的时候，网络安全问题并没有突出地表现出来。但是当在网络上运行关键性的业务，如银行业务等，当企业的主要业务运行在网络上，当政府部门的活动日益网络化的时候，网络安全就成为一个不容忽视的问题。

随着技术的发展，网络克服了地理上的限制，把分布在一个地区、一个国家，甚至全球的分支机构联系起来。它们使用公共的传输信道传递敏感的业务信息，通过一定的方式可以直接或间接地使用某个机构的私有网络。组织和部门的私有网络也因业务需要不可避免地与外部公众网直接或间接地联系起来。以上因素使得网络运行环境更加复杂、分布地域更加广泛、用途更加多样化，从而造成网络的可控制性急剧降低，安全性变差。随着组织和部门对网络依赖性的增强，一个相对较小的网络也突出地表现出一定的安全问题。尤其是当组织和部门的网络将要面对来自外部网络的各种安全威胁，即使是网络自身利益没有明确的安全要求，也可能由于被攻击者利用而带来不必要的法律纠纷。网络黑客的攻击、网络病毒的泛滥和各种网络业务的安全要求已经构成了对网络安全的迫切需求。

网络安全的重要性越来越受到人们的重视，其主要原因有以下几个。

（1）计算机存储和处理的信息也许包含有关国家安全的政治、经济、军事、国防等信息，或一些部门、机构、组织的机密信息，或个人的敏感信息、隐私，因此成为敌对势力、不法分子的攻击目标。

（2）随着计算机系统功能的日益完善和速度的不断提高，系统组成越来越复杂，系统规模越来越大，特别是 Internet 的迅速发展，存取控制、逻辑连接数量不断增加，软件规模空前膨胀，任何隐含的缺陷、失误都能造成巨大损失。

---

① 龙曼丽. 网络安全与信息处理研究［M］. 北京：北京工业大学出版社，2020：11-13.

（3）人们对计算机系统的需求在不断扩大，这类需求在许多方面都是不可逆转、不可替代的，而计算机系统使用的场所正在转向工业、农业、野外、天空、海上、宇宙空间、核辐射环境等，这些环境都比机房恶劣，出错率和故障的增多必将导致可靠性和安全性的降低。

（4）随着计算机系统的广泛应用，各类应用人员队伍迅速发展壮大，教育和培训却往往跟不上知识更新的需要，操作人员、编程人员和系统分析人员的失误或缺乏经验都会造成系统的安全性不足。

（5）计算机网络安全问题涉及许多学科领域，既包括自然科学，又包括社会科学。就计算机系统的应用而言，安全技术涉及计算机技术、通信技术、存取控制技术、校验认证技术、容错技术、加密技术、防病毒技术、抗干扰技术、防泄漏技术等，因此是一个非常复杂的综合问题，并且其技术、方法和措施都要随着系统应用环境的变化而不断变化。

（6）从认识论的高度看，人们往往首先关注系统功能，然后才被动地从现象注意系统应用的安全问题，因此广泛存在着重应用轻安全、法律意识淡薄的现象。计算机系统的安全是相对不安全而言的，许多危险、隐患和攻击都是隐蔽的、潜在的，难以明确却又广泛存在。①

第三节　网络安全现状

互联网的开放性、交互性和分散性特征使人类所憧憬的信息共享、开放、灵活和快速等需求得到满足。网络环境为信息共享、信息交流、信息服务创造了理想空间，网络技术的迅速发展和广泛应用，为人类社会的进步提供了巨大推动力。正是由于互联网的上述特性，产生了许多安全问题。

一、网络安全问题

（1）黑客问题。黑客是指在 Internet 上的一些熟悉网络技术的人，他们经常利用网络存在的一些漏洞，进入他人的计算机系统。有些人只是为了好奇，而有些人则心怀不良动机侵入他人计算机系统，偷窥机密信息，或破坏其计算机系统，这部分人就被称为"黑客"。尽管人们在计算机技术上做出了种种努力，但这种攻击却愈演愈烈。从单一地利用计算机病毒破坏和用黑客手段进行

---

① 赖清. 网络安全基础［M］. 北京：中国铁道出版社，2021：5-6.

入侵攻击转变为使用恶意代码与黑客攻击手段相结合，这种攻击具有传播速度迅猛、受害面惊人和穿透深度广的特点，往往一次攻击就会给受害者带来严重的损失。

（2）信息泄露、信息污染、信息不易受控。例如，资源未授权侵用、未授权信息流出现、系统拒绝信息流和系统否认等，这些都是信息安全的技术难点。

（3）在网络环境中，一些组织或个人出于某种特殊目的进行信息泄密、信息破坏、信息侵权和意识形态的信息渗透，使国家利益、社会公共利益和各类主体的合法权益受到威胁。

（4）网络运用的趋势是全社会广泛参与，随之而来的是控制权分散的管理问题。由于人们的利益、目标及价值观产生分歧，信息资源的保护和管理出现脱节和真空，从而使信息安全问题变得广泛而复杂。

（5）随着社会重要基础设施的高度信息化，社会的"命脉"和核心控制系统有可能面临恶意攻击而导致损坏和瘫痪，包括国防通信设施、动力控制网、金融系统和政府网站等。

二、我国网络安全问题的表现

近年来，人们的网络安全意识逐步提高，很多企业根据核心数据库和系统运营的需要，逐步部署了防火墙、防病毒和入侵检测系统等安全产品，并配备了相应的安全策略。虽然有了这些措施，但并不能解决一切问题。我国网络安全问题主要表现在以下几个方面。

（一）不能及时、准确发现安全事件

网络设备、安全设备、计算机系统每天生成的日志可能有上万条甚至几十万条，这样人工地对多个安全系统的大量日志进行实时审计、分析流于形式，再加上误报（如网络入侵检测系统、互联网协议群）、漏报（如未知病毒、未知网络攻击、未知系统攻击）等问题，造成不能及时、准确地发现安全事件。

（二）无法自动统计事件

这一问题涉及某台服务器的安全情况报表、所有机房发生攻击事件的频率报表、网络中利用次数最多的攻击方式报表、发生攻击事件的网段报表、服务器性能利用率最低的服务器列表等，需要管理员人为地对这些事件做统计记录，生成报告，从而耗费大量人力。

（三）缺乏有效的事件处理查询

没有对事件处理的整个过程做跟踪记录，信息部门主管不了解哪些管理员对该事件进行了处理，对处理过程和结果也没有做记录，使得处理的知识和经验不能得到共享，导致下次再发生类似事件时，处理效率低下。

（四）缺乏专业的安全技能

管理员发现问题后，往往因为安全知识的不足导致事件迟迟不能被处理，从而影响网络的安全性，延误网络的正常使用。[①]

第四节　网络安全体系结构

一、网络安全体系结构的概念

国际标准化组织 ISO 对开放计算机网络互连环境的安全性进行深入的研究，在 1989 年提出了安全体系结构，为计算机网络的安全提出了一个比较完整的安全框架，包括安全服务、安全机制和安全管理及其他有关方面。网络安全防范是一项复杂的系统工程，是安全策略、多种技术、管理方法和人们安全素质的综合。现代的网络安全问题变化莫测，要保障网络系统的安全，应当把相应的安全策略、各种安全技术和安全管理融合在一起，建立网络安全防御体系，使之成为一个有机的整体安全屏障。网络安全体系就是关于网络安全防范的最高层概念，它由各种网络安全防范单元组成，各组成单元按照一定的规则关系，有机集成起来，共同实现网络安全目标。

安全体系的机制可以分为两类：一是安全服务机制；二是管理机制。

（一）与安全服务有关的安全机制

1. 加密机制

加密机制可用来加密存放着的数据或数据流中的信息，既可以单独使用，也可以同其他机制结合起来使用。加密算法可分为对称密钥（单密钥）加密算法和不对称密钥（公开密钥）加密算法。

---

① 龙曼丽. 网络安全与信息处理研究 [M]. 北京：北京工业大学出版社，2020：23-25.

2. 数字签名机制

数字签名由两个过程组成，即对信息进行签字过程和对已签字的信息进行证实过程。前者使用私有密钥，后者使用公开密钥。它由是否已签字与签字者的私有密钥有关信息而产生。数字签名机制必须保证签字只能是签字者私有密钥信息。

3. 访问控制机制

访问控制机制根据实体的身份及其有关信息，来决定该实体的访问权限。访问控制实体基于采用以下一个或几个措施：访问控制信息库、证实信息（如口令）、安全标签等。

4. 数据完整性机制

在通信中，发送方根据发送的信息产生额外的信息（如校验码），将其加密以后，随数据一同发送出去。接收方接收到本信息后，产生额外信息，并与接收到的额外信息进行比较，以判断在这一过程中信息本体是否被篡改过。

5. 认证交换机制

用来实现同级之间的认证。这可以使用认证的信息，如由发方提供口令，收方进行验证；也可以利用实体所具有的特征，如指纹、视网膜等来实现。

6. 路由控制机制

为了使用安全的子网、中继站和链路，既可以预先安排网络的路由，也可以对其进行动态选择。安全策略可以禁止带有某些安全标签的信息通过某些子网、中继站和链路。

7. 防止业务流分析机制

通过填充冗余的业务流来防止攻击者进行业务流分析，填充过的信息要加密保护才能有效。

8. 公证机制

公证机制是第三方（公证方）参与数字签名机制。它是基于通信双方对第三方的绝对信任，让公证方备有适应的数字签名、加密或完整性机制等。当实体间互通信息时，就由公证方利用所提供的上述机制进行公证。有的公证机制可以在实体连接期间进行实时证实；有的则在连接后进行非实时证实。公证机制既可以防止收方伪造签字，或否认收到过给他的信息，又可以戳穿对所签发信息的抵赖。

（二）与安全管理有关的机制

1. 安全标签机制

可以让信息中的资源带上安全标签，以表明其在安全方面的敏感程度或保护级别，可以是显露式或隐藏式，但都应以安全的方式与相关的对象结合在一起。

2. 安全审核机制

审核是探明与安全有关的事件。要进行审核，必须具备与安全有关的信息记录设备，以及对这些信息进行分析和报告的能力。安全审核机制将上述记录设备、分析和报告功能归属于安全管理。

3. 安全恢复机制

安全恢复是在破坏发生后采取各种恢复动作，建立起具有一定模式的正常安全状态，恢复活动有三种：立即的、临时的和长期的。

二、网络安全体系结构的组成

网络安全的任何一项工作，都必须在网络安全组织、网络安全策略、网络安全技术、网络安全运行体系的综合作用下才能取得成效。完善的网络安全体系应包括安全策略体系、安全组织体系、安全技术体系、安全运作体系。安全策略体系应包括网络安全的目标、方针、策略、规范、标准及流程等，并通过在组织内对安全策略的发布和落实来保证对网络安全的承诺与支持；安全组织体系包括安全组织结构建立、安全角色和职责划分、人员安全管理、安全培训和教育、第三方安全管理等；安全技术体系主要包括鉴别和认证、访问控制、内容安全、冗余和恢复、审计和响应；安全运作体系包括安全管理和技术实施的操作规程、实施手段和考核办法。安全运作体系提供安全管理和安全操作人员具体的实施指导，是整个安全体系的操作基础。

一个全方位、整体的网络安全防范体系是分层次的，不同层次反映不同的安全需求，根据网络的应用现状和网络结构，一个网络的整体由网络硬件、网络协议、网络操作系统和应用程序构成。而若要实现网络的整体安全，还需要考虑数据的安全性问题。此外，无论是网络本身还是操作系统和应用程序，最终都是由人来操作和使用的，所以还有一个重要的安全问题就是用户的安全性。可以将网络安全防范体系的层次划分为物理层安全、系统层安全、网络层安全、应用层安全和安全管理。

三、网络安全体系中的关键技术

计算机网络安全系统的建立无疑是一项复杂且庞大的工程。主要涉及工程技术，如何管理以及物理设备性能提升等多个问题，目前计算机网络安全工程主要表现为：网络防火墙技术、网络信息加密技术等。

（一）网络防火墙技术

防火墙是计算机安全防护的核心，也是目前最重要的表现形式。同时，防火墙可直接进行 SMTP 数据流传输并作为系统安全防护的主要手段。作为一种传统的计算机安全防护技术，防火墙通常应用于两个以上外部网访问时的信息监控，通过防火墙可以实现对不安全信息的过滤。多种不同的防火墙技术可以同时使用，其主要作用在于将内部网与其他网络进行强制性的分离，防火墙尤其是校内或企业计算机防火墙应满足以下标准。

防火墙必须建立局域网与公共网络之间的节流点，并控制计算机流量的流经途径。通过节流点的建立，防火墙可以实现对数据的校验和实时监控。防火墙还应具有记录网络行为的功能，且对不规范网络行为进行报警，避免外部网络病毒威胁，记录功能是防火墙的主要功能之一，同时也是其防止病毒入侵的重要手段。防火墙应建立网络周边的防护边界，其目的是防止主机长期暴露，确保内部网的信息安全。身份验证或加密处理是其主要表现形式，即访问控制技术和防病毒技术。前者是指对外部网或者主体访问进行权限限制。客体是指受保护的计算机主机系统，而访问主体则是指其他用户的或网络的访问，防火墙的主要作用就是设置主体的访问权限，拒绝不安全信息进入计算机客体，以确保其安全。访问控制技术实际上是对大量网络信息进行必要的屏蔽，使进入计算机客体的信息更加安全。计算机病毒是影响其运行的主要因素，同时也是对计算机影响最大的因素。操作不当，不良网页的进入都会导致计算机遭到病毒侵害，导致信息丢失甚至系统瘫痪。因此，防病毒技术是防火墙设置的主要作用。网络技术的发展也为病毒变种提供了条件，近年来，多种不同形式的病毒不断出现，其杀伤范围更大、潜伏期长且很容易感染。比如，熊猫烧香就盗走了大量的客户信息，严重威胁了计算机网络安全，影响了计算机运行的大环境。防病毒技术目前主要分为防御、检测和清除三种。计算机病毒防御体系是确保计算机安全的前提，当然其也存在局限性。比如，对于内部网自身的不安全信息无法实现有效拦截，因此，计算机防火墙依然需要发展。经历了多年的发展，防火墙技术已经逐渐成熟，并在计算机防护上起着积极的促进作用。

1. NAT 防火墙

NAT 防火墙即网络地址转换型防火墙，此防火墙的主要作用体现在利用安全网卡对外部网的访问进行实时记录。采用虚拟源地址进行外部链接从而隐藏内部网的真实地址，使外部网只能通过非安全网络进行内部网的访问，对内部网起到了很好的保护作用。NAT 防火墙主要是通过非安全网卡将内部网真实身份隐藏以实现内部网与外部网的分离，防止外部混杂的信息对内部网的侵害。

2. Packet Filter 防火墙

Packet Filter 即包过滤型防火墙，其主要功能是对计算机数据包进行来源和目的地的检测，从而屏蔽不安全信息，保护计算机安全。目前，这种计算机防火墙应用广泛，是因为其操作原理简单，价格低且性价比较高。然而，仅通过一个过滤器进行不安全信息的阻拦，常由于用户疏忽或操作不当而无法真正发挥作用。

3. Application Layer Gateway service 防火墙

Application Layer Gateway service 防火墙即应用层防火墙，其表现形式为将计算机过滤协议和转发功能建立在计算机的应用层，实现对隐患信息的监控和排除。根据不同网络特点，其使用不同的服务协议，对数据进行过滤和分析并形成记录。其主要作用在于建立计算机内外网之间的联系，为用户提供清晰明确的网络运行状态，从而帮助用户防止病毒等对计算机的侵害。

4. 监测型防火墙

监测型防火墙是目前较为先进的防火墙，是计算机防火墙技术革新的结果。其具有以往防火墙缺乏的功能即实现了对计算机中的每层数据进行监控记录和分析，并且能够更有效地阻止非法访问和入侵。

（二）计算机网络信息的加密技术

信息加密技术与防火墙技术同为保护计算机安全的重要手段。面对复杂的网络环境，单一的防护手段无法满足客户的需要。其主要原理是利用加密算法，将可见的文字进行加密处理后，要求客户通过密码才能进入，从而保护计算机原始数据，控制非法访问，进而降低信息泄露导致的客户损失或系统瘫痪。计算机网络信息加密技术表现为对称加密、非对称加密技术以及其他数字加密技术。

1. 对称加密技术

对称加密技术也就是私钥加密，主要特点是其密钥可以进行推算，加密密钥和解密密钥之间存在着逻辑关系且是对称的。对称加密技术的优势在于便于查找和操作，对于操作人员来说，数据不容易丢失。然而也易被破解，受到病毒的侵害。但就目前来说，对称加密技术依然是计算机网络信息安全防护的重要手段。

2. 非对称加密技术

非对称加密技术即公钥密码加密技术。非对称加密技术的主要特点是要求密钥必须成对出现，加密密钥和解密密钥是相互分离的，在目前技术下，非对称加密技术并不能在计算机系统中实现。非对称加密技术的过程为：首先，文件发送方利用接收方的公钥密码对文件进行加密。然后，文件发送方再利用自身的私钥密码进行加密处理后发回给文件接收方。最后，用解密技术从接收文件方开始进行解密，获得文件发送方的私钥，实现解密。非对称技术操作复杂，对计算机系统的技术要求较高，因此很难完全实现。但这种加密技术可以很好地防止病毒或非法网页的侵袭，安全系数较高，也是未来计算机信息安全防护的主要手段，当然其实现应借助计算机系统以外的其他技术或设备。

3. 其他加密技术

加密技术确保了计算机网络信息的安全，除了对称和非对称信息加密两种技术外，系统还具有一种数字摘要功能。目前主要表现为数字指纹或者安全Hash 编码法。要实现 Hash 编码的解密必须使摘要的每个数字与解密数字一一对应。其中单向的含义是密码无法被解密。此外，计算机网络信息技术还包括容灾技术，其建立的目的是防止自然灾害等物理因素造成系统破坏，进一步确保数据存储的安全和完整。①

---

① 李建辉，武俊丽. 计算机网络控制技术研究 ［M］. 吉林出版集团股份有限公司，2021：21-24.

第六章　局域网技术应用研究

局域网技术的应用十分广泛。本章首先分析了局域网的基础知识，接着进一步探讨了局域网工程设计，论述了局域网应用，阐述了局域网管理与安全，最后详细地研究了局域网集成技术等相关的内容。

第一节　局域网基础知识

一、局域网的定义和组成

（一）局域网的定义

局域网（Local Area Network，LAN），是指将覆盖在几千米以内某个区域内的多台计算机互连，从而构成的计算机通信网。局域网的覆盖范围较小，一般可以用于一个家庭、一个学校、一个办公室或一个企业的网络组建，其可以实现应用程序、扫描仪、打印机等资源的共享，以及工作组内部的日程安排、向用户提供电子邮件的传输等功能。局域网是计算机网络中重要的组成部分，是结构复杂度比较低的一种网络形式，它既具有一般计算机网络的特点，又具有自己独有的特征。[①]

（二）局域网的组成

局域网主要由硬件部分和软件部分组成。

1. 局域网的硬件部分

局域网的硬件部分是组成局域网物理结构的设备，根据设备的功能，局域

---

① 周宏博. 计算机网络 [M]. 北京：北京理工大学出版社，2020：82.

网的硬件部分可分为以下四种。

（1）客户机

客户机也称为工作站。① 它是局域网中用户所使用的计算机。通过客户机，用户可以使用服务器所共享的文件、打印机等各种资源。客户机本身具备单独的处理能力，在需要网络中的共享资源时，可以将获取的网络资源交由自己的 CPU 和内存进行处理。

（2）服务器

服务器是整个网络的服务中心，一般由一台或者多台规模大、功能强的计算机来担任。服务器运行的是网络操作系统，具有为网络中的多个用户同时提供数据共享及打印机共享等服务的功能。因此，服务器一般需具有高速的数据处理能力、强大的吞吐能力及高扩展性能。服务器根据其所提供的功能可以分为文件服务器、打印服务器、数据库服务器、Web 服务器等。

（3）专用的通信设备

在局域网中，常见的通信设备有网卡、集线器、交换机、路由器等。通过这些设备可以实现局域网中数据的转发、信号类型的转换等功能。

（4）网络传输介质

网络传输介质主要用于局域网中的通信设备、服务器或主机之间的连接，可以分为有线传输介质和无线传输介质两类。常用的传输介质有同轴电缆、光纤和双绞线等。

2. 局域网的软件部分

局域网中的软件部分主要包含网络操作系统、协议和应用软件。

（1）网络操作系统

网络操作系统和网络管理软件是网络的核心，能够实现对网络的控制以及管理，并能够为网络中的用户提供各种服务以及共享的网络资源。

（2）协议

协议是网络中各个计算机之间通信和联系时所要遵循的共同约定、标准和规则。

（3）应用软件

应用软件是指为计算机网络中的用户提供服务并能解决实际问题的软件。

---

① 赵学军，武岳，刘振峰. 计算机技术与人工智能基础［M］. 北京：北京邮电大学出版社，2020：154.

二、局域网的特点和拓扑结构

(一) 局域网的特点

局域网技术是当前计算机网络研究与应用的热点问题，也是目前技术发展较快的领域之一。局域网具有如下特点：

（1）网络所覆盖的地理范围比较小。通常不超过几十千米，甚至只在一幢建筑或一个房间内。

（2）具有较高的数据传输速率，通常为 10~100 M bit/s，高速局域网可达 1000 M bit/s（千兆以太网）。

（3）协议比较简单，网络拓扑结构灵活多变，容易进行扩展和管理。

（4）具有较低的延迟和误码率，其误码率一般为 10^{-10} ~ 10^{-8}。这是由于传输距离短，传输介质的质量较好，因而可靠性高。

（5）局域网的经营权和管理权为某个单位所有，与广域网通常由服务提供商提供形成鲜明对比。

（6）便于安装、维护和扩充，建网成本低、周期短。尽管局域网地理覆盖范围小，但这并不意味着它们必定是小型的或简单的网络。局域网可以扩展得相当大或非常复杂，配有成千上万用户的局域网也是很普遍的。局域网的应用范围极广，可用于办公自动化、生产自动化、企事业单位的管理、银行业务处理、军事指挥控制、商业管理等方面。局域网的主要功能是实现资源共享，其次是更好地实现数据通信与交换及数据的分布处理。一般来说，决定局域网特性的主要技术要素是网络拓扑结构、传输介质与介质访问控制方法。

(二) 局域网的拓扑结构

传统的局域网的拓扑结构形式较多，有星形、总线型、环形和树形等结构，覆盖范围一般只有几千米。[①] 局域网与广域网的一个重要区别在于它们覆盖的地理范围。由于局域网设计的主要目标是覆盖一个公司、一所大学或一幢甚至几幢大楼的"有限的地理范围"，因此它在基本通信机制上选择了共享介质方式和交换方式。局域网在传输介质的物理连接方式、介质访问控制方法上形成了自己的特点，在网络拓扑上主要采用总线型、环型与星型拓扑结构。[②]

① 李志鹏，苏鹏，王玮. 计算机网络实践教程 [M]. 长春：吉林出版集团股份有限公司，2022：56.
② 石敏. 计算机网络与应用 [M]. 哈尔滨：哈尔滨工程大学出版社，2018：42.

1. 总线型拓扑结构

总线型拓扑结构是局域网最主要的拓扑结构之一。在总线型局域网中，所有站点都直接连接到一条作为公共传输介质的总线上，所有节点都可以通过总线传输介质发送或接收数据，但一段时间内只允许一个节点利用总线发送数据。当一个节点利用总线传输介质以"广播"方式发送信号时，其他节点都可以"收听"到所发送的信号。由于总线作为公共传输介质为多个节点所共享，总线型拓扑结构有可能出现同一时刻有两个或两个以上节点利用总线发送数据的情况，这种现象被称为"冲突"。冲突会造成数据传输的失效，因为接收节点无法从所接收的信号中还原出有效数据。需要提供一种机制用于解决冲突问题。

总线拓扑的优点是：结构简单，实现容易；易于安装和维护；价格低廉，用户站点入网灵活。

总线型结构的缺点是：传输介质故障难以排除；由于所有节点都直接连接在总线上，任何一处故障都会导致整个网络出现问题。

2. 环型拓扑结构

在环型拓扑结构中，所有的节点通过通信线路连接成一个闭合的环。在环中，数据沿着一个方向绕环逐站传输。环型拓扑结构也是一种共享介质结构，多个节点共享一条环通路。为了确定环中每个节点在什么时间可以传送数据帧，同样要提供自在解决冲突问题介质访问控制。

由于信息包在封闭环中必须沿每个节点单向传输，因此环中任何一段故障都会使各站之间的通信受阻。为了增加环型拓扑的可靠性，人们还引入了双环拓扑。所谓双环拓扑就是在单环的基础上在各站点之间再连接一个备用环，从而当主环发生故障时，由备用环继续工作。环型拓扑结构的优点是能够较有效地避免冲突；其缺点是环型结构中的网卡等通信部件比较昂贵且管理复杂得多。

3. 星型拓扑结构

星型拓扑结构是由中央节点和一系列通过点到点链路接到中央节点的节点组成的。在星型局域网中，各节点以中央节点为中心相连接，各节点与中央节点以点对点方式连接。任何两节点之间的数据通信都要通过中央节点，中央节点集中执行通信控制策略，主要完成节点间通信时物理连接的建立、维护和拆除。星型拓扑结构简单、管理方便、可扩充性强、组网容易。利用中央节点可方便地提供网络连接和重新配置；且单个连接点的故障只影响一个设备，不会影响全网，容易检测和隔离故障，便于维护。①

三、局域网的功能和分类

（一）局域网的功能

以资源共享为主要目的的局域网的主要功能表现在以下几个方面。

1. 信息交换功能

信息交换是局域网的最基本功能，也是计算机网络最基本的功能，它主要完成网络中各结点之间的系统通信。

2. 实现资源共享

共享网络资源是开发局域网的主要目的，网络资源包括硬件、软件和数据。硬件资源有处理机、存储器和输入/输出设备等，它是共享其他资源的基础。软件资源是指各种语言处理程序、服务程序和应用程序等。数据资源则包括各种数据文件和数据库中的数据等。在目前的局域网中，共享数据资源处于越来越重要的地位。共享资源可解决用户使用计算机资源受地理位置限制的问题，也避免了资源重复设置造成的浪费，更大大提高了资源的利用率，提高了信息的处理能力，节省了数据处理的费用。

3. 数据信息的快速传输、集中和综合处理

局域网是通信技术和计算机技术结合的产物，分布在不同地区的计算机系统可以及时、高速地传递各种信息。随着多媒体技术的发展，这些信息不仅包括数据和文字，还可以是声音、图像和动画等。

局域网可以将分散在各地的计算机中的数据信息适时集中和分组管理，并经过综合处理后生成各种报表，供管理者和决策者分析和参考。如政府部门的计划统计系统、银行与财政及各种金融系统、数据的收集和处理系统、地震资料收集与处理系统、地质资料采集与处理系统和人口普查信息管理系统等。

4. 提高系统的可靠性

当局域网中的某一处发生故障时，可由别的路径传送信息或转到别的系统中代为处理，以保证该用户的正常操作，不会因局部故障而导致系统瘫痪。又假如某一个数据库中的数据因处理机发生故障而遭到破坏，可以使用另一台计算机的备份数据库进行处理，并恢复被破坏的数据库，从而提高系统的可靠性。

---

① 张剑飞. 计算机网络教程［M］. 北京：机械工业出版社，2020：86.

5. 有利于均衡负荷

合理的网络管理可以将某一时刻处于重负荷的计算机上的任务分送到别的负荷轻的计算机去处理，以达到负荷均衡的目的。对于地域跨度大的远程网络来说，可以充分利用时差因素来达到均衡负荷。

（二）局域网的分类

1. 按传输介质上传输的信号分类

在通信和网络领域，带宽的含义指的是网络信号可使用的最高频率与最低频率之差，或者说是"频带的宽度"，也就是所谓的"Bandwidth"或"信道带宽"。

在 100 Mb/s 以太网这类的铜介质布线系统中，双绞线的信道带宽通常以 MHz 为单位，它指的是信噪比恒定的情况下允许的信道频率范围。不过，网络的信道带宽与它的数据传输能力（单位 B/s）存在一个稳定的基本关系。也可以用高速公路来作比喻：在高速路上，它所能承受的最大交通流量就相当于网络的数据运输能力，而这条高速路允许形成的宽度就相当于网络的带宽。显然，带宽越高、数据传输可利用的资源就越多，因而能达到的速度就越高。除此之外，还可以通过改善信号质量和消除瓶颈效应实现更高的传输速率。按传输介质上所传输的信号方式不同，局域网可以分为基带网和宽带网。

2. 按传输的介质分类

网络传输介质是指在网络中传输信息的载体。常用的传输介质分为有线传输介质和无线传输介质两大类。

3. 按介质访问控制方式分类

从局域网介质访问控制方式的角度可以把局域网分为共享介质局域网和交换局域网。目前人们大都采用交换局域网。

（1）共享介质局域网

共享式以太网（使用集线器或共用一条总线的以太网）采用载波检测多路侦听/冲突检测机制进行传输控制。共享式以太网的典型代表是使用 10Base2、10Base5 的总线型网络和以集线器为核心的 10BaseT 星型网络。用集线器作为以太网的中心连接设备时，所有结点通过非屏蔽双绞线与集线器连接。这样的以太网在物理结构上是星型结构，但它在逻辑上仍然是总线型结构，并且在 MAC 层仍然采用 CSMA/CD 介质访问控制方式。所以，从本质上分析，以集线器为核心的以太网和以往的总线型以太网无根本区别。

所有连接到集线器的设备共享同一介质，其结果是它们也共享同一冲突域、广播和带宽。因此，集线器和它所连接的设备组成了一个单一的冲突域。

如果一个结点发出一个广播信息，集线器就会将这个广播传输给所有同它相连的结点，因此它也是一个单一的广播域。当网络中有两个或多个站点同时进行数据传输时，将会产生冲突。

显然，随着局域网规模的不断扩大，结点数 N 不断增加，每个结点平均能分到的带宽将越来越少。以太网的 N 个结点共享一条 10 Mb/s 的公共通信信道，当网络结点数 N 增大、网络通信负荷加重时，冲突和重发现象将大量发生，网络效率会急剧下降，网络传输延迟增长，网络服务质量下降。尤其是多级集线器进行级联时，这种情况就更加严重。

当网络中结点过多时，冲突将会很频繁，利用集线器联网并不适合，这也限制了以太网的可扩展性。现在人们常常采用交换机将冲突区域进行分割的方法来解决这个问题。

（2）交换局域网

通常利用分段的方法解决共享式以太网存在的冲突频繁的问题。所谓分段就是将一个大型的以太网分割成两个或多个小型的以太网，每个段（分割后的每个小以太网）使用 CSMA/CD 介质访问控制方法维持段内用户的通信。段与段之间通过一种交换设备可以将一段接收到的信息，经过简单的处理转发给另一段。这样，既可以保证部门内部信息不会流至其他部门，又可以保证部门之间的通信。以太网结点的减少使冲突和碰撞的概率更小，网络效率更高。分段之后，各段可按需要选择自己的网络速率，组成性价比更高的网络。

能够进行分段的常用设备是交换设备。交换设备有多种类型，局域网交换机、路由器等都可以作为交换设备。交换机用于连接较为相似的网络（如以太网和以太网）；而路由器用于实现异构网络的互联（如以太网和帧中继）。

以太网交换机可以有多个端口，每个端口可以单独与一个结点连接，也可以与一个共享介质式的以太网集线器连接。

如果一个端口只连接一个结点，那么这个结点就可以独占整个带宽，这类端口通常称为专用端口；如果一个端口连接一个与端口带宽相同的以太网，那么这个端口将被以太网中的所有结点所共享，这类端口称为共享端口。

四、局域网用的传输介质

1. 双绞线（TP）

将一对以上的导线封装在一个绝缘外套中，分为非屏蔽双绞线（UTP）和屏蔽双绞线（STP）。

2. 同轴电缆

由一根空心的外圆柱导体和一根位于中心轴线的内导线组成，两导体间用绝缘材料隔开。按直径分为粗缆和细缆。其中粗缆传输距离长，性能高但成本高，适用于大型局域网干线，连接时两端需中接器。细缆传输距离短，相对便宜，用 T 型头，与 BNC 网卡相连，两端安装 50 Ω 终端电阻。

3. 光纤

光纤是光导纤维的简称，它应用光学原理，将电信号变为光信号，再把光信号导入光纤，在另一端由光接收机接收光纤上传来的光信号，并把它变为电信号，经解码后再处理。光纤分为单模光纤和多模光纤。光纤的绝缘保密性好。单模光纤：由激光作光源，仅有一条光通路，其传输距离长可达 2 公里以上。多模光纤：由二极管发光，其速度低，传输距离在 2 公里以内。

第二节　局域网工程设计

本节以水利水电工程局域网系统设计为例来分析和探讨局域网工程设计的相关内容。

一、水利水电工程局域网设计的目标、原则和内容

（一）水利水电工程局域网设计的目标

为满足水电专网网络业务发展，并保证 3~5 年内整个局域网的高性能、高吞吐能力运行以及各种信息（数据、语音、图像）的高质量传输，力争实现高品质透明网络，将对专网进行网络建设，并实现以下几个目标：

第一，为保证核心网络不断网，核心设备采用，交换控制模块冗余、电源冗余，并可以保证 2~3 年内设备的高可靠性、稳定性和可扩展性。

第二，保证楼内主干网络速率为 1000 M，客户桌面端网络连接速率为 100 M。

第三，为便于网络管理员的日常维护和对网络资源的合理分配、利用，增加相应的网络管理设备，可以为用户提供具有不同服务质量等级的服务保证，使骨干网真正成为同时承载数据、语音和视频业务的综合网络。

（二）水利水电工程局域网设计的原则

1. 实用性原则

该系统的建设将始终遵循"面向应用，注重实效"的指导思想，紧密结合经济运行，为信息服务提供现代化的手段。

2. 先进性原则

系统硬件设备和软件平台应最先进，既要反映当今技术的先进水平，又应具有很强的扩展能力。同时还应注意所选用的技术、设备和开发工具是最普及通用和成熟的，能与最新技术接轨，对市场的任何变化具有极强的适应性。

3. 开放性原则

考虑到系统中所选用的技术和设备的协同运行能力，保护现有的资源和系统投资的长期效应以及系统功能不断扩展的需要，所采用的软硬件平台必须具有开放性，所采用的规范应与生产厂商无关。

4. 扩展性原则

由于网络信息技术的飞速发展，变化日新月异，选用的技术和产品应具有很强的可增长性和扩展性。

5. 可靠性原则

在社会向信息化发展的同时，也存在一种危机，即对信息技术的依赖程度越高，系统失效所造成的影响也越大。因此，该系统的设计必须在投资可接受的条件下，从系统结构、技术措施、设备选型以及厂商的技术服务和维修响应能力等方面综合考虑，确保系统运行的可靠性。

6. 安全性原则

在网络信息时代，大流量的数据传输和管理在整个网络系统中占很重要的位置。同时有些数据文件属于高度秘密，为防止外来黑客的侵入，应具有较好的稳定性和安全性。

7. 经济性原则

要充分考虑性能价格比"按需集成"，以求在确定的资金规模下达到先进的性能。

(三) 水利水电工程局域网设计的注意事项

第一，在网络设备的选择方面，采用目前比较先进、成熟的网络设备。系统除满足现有使用外，还应留有扩充余地，以满足日后系统扩展的需要。

第二，骨干核心交换机满足冗余设计，骨干核心交换机与接入层交换采用1000 M 连接。100 M 交换到桌面，有 150 个信息点。

第三，维护终端和服务器之间有足够的带宽，系统有足够的隔离和安全机制。

第四，在满足系统要求的情况下，尽可能采用简单的拓扑结构。

(四) 水利水电工程局域网设计的内容

根据具体布线情况和业务信息点布局，提出网络结构规划方案，并完成网络设备及相关产品的集成任务。具体有以下几个方面的工作内容：

第一，网络核心层设备。将网络汇聚层和接入层合二为一，有别于以往标准的三层网络架构模型设计，可以大大提高各楼层网络通信的效率和整体网络的数据交换性能。具体来讲，在网络结构上，设置核心交换机，形成星型拓扑结构；楼层各接入交换机通过 1000 M 链路分别连接至中心机房的核心交换机。

第二，楼层接入设备。至少拥有 48 个 10/100 M 以太端口和 2 个 1000 M 端口。10/100 M 以太端口负责接入房间的各 PC 节点，总共需要连接的房间信息点约为 150 个。

第三，网络安全及管理设备。为保证整个网络的高效、稳定，配置防病毒系统。同时为了便于网络管理员的日常维护和对网络资源的合理分配、利用，配置相应的网络管理系统。这样可以为用户提供具有不同服务质量等级的服务保证，使骨干网真正成为同时承载数据、语音和视频业务的综合网络。

二、水利水电工程局域网系统设计与实现

（一）水利水电工程局域网设计的要求

第一，所有网络设备硬件要选择成熟的产品构建，所选择的产品在生产领域及专业领域要有广泛的应用案例和认可度。

第二，硬件产品之间要具有良好的集成性和统一性。

第三，要保证网络数据的完整性与一致性，分布数据传输交换可靠性，系统可维护性、可扩充性、可升级性，公共资源配置一致性管理。

第四，在管理界面的设计过程中要充分考虑到最终用户的使用习惯和常用术语。

第五，提供良好的网络情况监视、管理操作界面，使管理员能迅速地掌握系统网络的实时使用效率。

第六，系统具有合理的用户权限分配机制。针对不同部门、不同层次的用户，分配不同的访问权限。

第七，系统网络运行须具有较高的安全性、可靠性、稳定性和容错性。

（二）水利水电工程局域网设计的功能

1. 组网模型

网络设备选型要基于高性能的局域网，将建立一套二层架构的局域网络（核心层、接入层），能够为办公、管理、调度提供一个先进、可靠、基于标准的多业务平台，可以实现宽带接入、办公自动化等功能。

2. 核心层设备功能

核心层是局域网的主干，核心层的主要功能如下：

第一，提供交换区块间的连接，支持多个链路的捆绑以提高带宽和可靠性。

第二，提供到其他区块（如：服务器区块）的访问，并且能够对服务器系统进行负载均衡，以提高数据业务的访问性能，保证业务系统的高性能和高可靠性。

第三，具备高速的数据包处理能力，快速地交换数据帧或数据包，并支持策略路由功能。

第四，支持 QoS，包括支持 DiffServ，交换机的端口能够提供多个硬件队列。

第五，具备对交换背板、CPU 交换引擎模块、电源、I/O 模块、链路等关键部件的冗余能力。能够提供对核心层交换机故障的冗余处理能力。

第六，对数据包的安全过滤控制。对设备管理的安全支持，如管理员认证和支持 SNMPv3 等。

3. 接入层设备功能

接入层的主要功能如下：

第一，支持千兆上连。

第二，支持高速堆叠端口。

第三，支持与核心层交换机的多链路捆绑技术，以提高网络系统的可靠性。

第四，对设备管理的安全支持，如管理员认证和支持 SNMPv3。

第五，支持 QoS 技术，如防止包头阻塞（HOL）。

通过局域网设计，提供生产和办公自动化平台，使电站用户可以和互联网连接，也可以传递内部生产和办公信息，对内对外实时交换语音、数据、视频图像。其内容包括：生产实时数据管理、设备管理、生产运行管理、生产技术管理、安全监察管理、计划统计管理、工程项目管理、物料需求管理、物资采购库存管理、资产管理、预算管理、人力资源管理等，借助先进的业务集成开发平台，使发电企业各方面的人力、物力资源得到最大限度的利用，使信息流、物流、资金流得到有效、合理的配置，进一步增强水电企业的整体实力。

第三节　局域网应用

一、局域网的基本应用

(一) 文件共享

资源共享是计算机网络的最基本应用之一。在家庭、办公、学校等局域网中，计算机之间的文件共享可以使得日常的工作、学习、娱乐更加方便。通过文件共享，可以把局域网内的公用资料集中存储。这不仅方便管理，也大大节省了有限的存储空间。通过文件共享，还可以方便地将一台计算机的重要资料随时备份到其他计算机上。

(二) 外部设备的共享

通过局域网和设备共享，人们可以在任何一台计算机上使用网络中的各种外部设备，比如打印机、扫描仪等，免去了反复拆卸设备的麻烦。

(三) 程序共享

许多应用程序都支持网络版和异地运行，这样就可以方便地由多人共同维护或处理某一事务，给网络协同作业带来了可能，而且还可以解压本地计算机的磁盘空间。

(四) Internet 共享

要将局域网内的所有计算机分别通过 Modem 或者其他网络设备接入Internet，将会是一笔不小的开销。但通过局域网内的 Internet 共享，可以只用一条电话线和一个 Modem 或者是一根光纤将网络内的所有计算机接入 Internet，进行 WWW 浏览、FTP 文件传输、BBS 交流、网上聊以及 E-Mail 收发。

(五) 资源管理

通过建立网络可以把局域网中和计算机有关的资料进行合理组合、统一管理，这样就可有效地利用网络内部所有的资源。

（六）多媒体视听

这些局域网中，可以建立小型的电台、电视台，向网络内部成员广播视频或音乐，开辟广阔的娱乐交流的空间。

（七）即时通信

在现代局域网中，即时通信这一功能运用得比较好。网络内部人员通过局域网即时通信软件可方便快速地进行成员之间的交流。同时，企业通过局域网还可以召开网络视频会议。

（八）联机游戏

现在很多游戏都加入了对网络的支持，比如星际争霸等这些经典、刺激网络游戏数不胜数，还有一些传统的比赛，如象棋、围棋等也可以到网上开展。联机游戏对一些网友来说可能是局域网最吸引人的一个功能。

二、局域网的高级应用服务

（一）WWW 服务

在 Internet 上最热门的服务之一就是环球信息网 WWW（World Wide Web）服务，Web 已经成为很多人在网上查找、浏览信息的主要手段。WWW 是一种交互式图形界面的 Internet 服务，具有强大的信息连接功能。它使得成千上万的用户通过简单的图形界面就可以访问各个大学、组织、公司等的最新信息和各种服务。

近年来，商业界很快看到了其价值，许多公司建立了主页，利用 Web 在网上发布消息，并把它作为各种服务的界面，如客户服务、特定产品和服务的详细说明、宣传广告以及产品销售和服务。商业用途促进了环球信息网络的迅速发展。

WWW 是基于客户机/服务器方式的信息发现技术和超文本技术的综合。WWW 服务器通过 HTML 超文本标记语言把信息组织成为图文并茂的超文本；WWW 浏览器则为用户提供基于 HTTP 超文本传输协议的用户界面。用户使用 WWW 浏览器通过 Internet 访问远端 WWW 服务器上的 HTML 超文本。

在 WWW 的客户机/服务器工作环境中，WWW 浏览器起着控制作用，WWW 浏览器的任务是使用一个 URL（Internet 地址）来获取一个 WWW 服务器上的 WEB 文档，解释这个 HTML，并将文档内容以用户环境所许可的效果最大限度地显示出来。正是由于 WWW 服务这些强大而又方便的功能，它已成为现代商业、办公、家庭局域网中必不可少的一种应用。

(二) FTP 服务

FTP (File Transfer Protocol) 是文件传输协议的简称，是用于 Internet 上的控制文件的双向传输的协议。同时，它也是一个应用程序。用户可以通过它把自己的 PC 机与世界各地所有运行 FTP 协议的服务器相连，访问服务器上的大量程序和信息。

在局域网环境中，FTP 服务同样可以使用，只不过应用的范围不像 Internet 那么广阔。局域网内的 FTP 服务只能在同一内网中使用，但其功能还是相同的。总之，FTP 服务的主要作用就是让用户连接上一个远程计算机 (这些计算机上运行着 FTP 服务器程序) 察看远程计算机中的一些文件，然后把文件从远程计算机上拷到本地计算机，或把本地计算机的文件送到远程计算机去。其文件传输的一般流程如下：

(1) 在本地计算机上登录到国际互联网。

(2) 搜索文件共享主机或者个人计算机 (一般专门的 FTP 服务器网站上有公布，上面有进入该主机或个人计算机的名称、口令和路径)。

(3) 当与远程主机或者对方的个人计算机建立连接后，使用对方提供的用户名和口令登录到该 FTP 服务器或对方的个人计算机。

(4) 在远程主机或对方的个人计算机登录成功后，就可以上传个人想跟他人分享的文件或程序，或者下载别人授权共享的资料等。

(5) 完成工作后关闭 FTP 下载软件，断开链接。为了实现文件传输，用户还要运行专门的文件传输程序，比如网际快车就有这方面的功能，其他还有很多专门的 FTP 传输软件，各具特色。

(三) 电子邮件服务

电子邮件服务是目前最常见、应用最广泛的一种互联网服务。通过电子邮件，人们可以与 Internet 上的任何人交换信息。电子邮件的快速、高效、方便以及价廉，越来越得到广泛的应用。目前，全球平均每天有大量的电子邮件在网上传输。

电子邮件服务主要是通过电子邮件服务器来实现的。电子邮件服务器是处理邮件交换的软硬件设施的总称，包括电子邮件程序、电子邮件箱等。它是为用户提供全由 E-mail 服务的电子邮件系统，人们通过访问服务器实现邮件的交换。服务器程序通常不能由用户启动，而是一直在系统中运行。它一方面负责把本机器上发出的 E-mail 发送出去，另一方面负责接收其他主机发过来的 E-mail，并把各种电子邮件分发给每个用户。

电子邮件程序是计算机网络主机上运行的一种应用程序，它是操作和管理电子邮件的系统。在个体处理电子邮件时，需要选择一种供个体使用的电子邮件程序。由于网络环境的多样性，各种网络环境的操作系统与软件系统也不相同，因此电子邮件系统也不完全一样。

目前，在局域网环境中使用电子邮件服务可以为网络内部人员之间的交流提供许多方便，同时又能及时了解外界信息。近年来，在局域网中使用小型邮件服务器的企业、单位逐渐增多，说明电子邮件服务已经被人们普遍使用。

第四节　局域网管理与安全

一、局域网管理

（一）局域网日常管理

1. 识别网络对象的硬件情况

首先，要了解服务器和客户机的品牌、芯片速率、网卡的品牌与配置情况。其次，了解交换机、路由器的型号、品牌和配置情况。最后，要进一步了解服务器的外设配置情况、硬盘驱动器的容量及内存的大小。

2. 判别局域网的拓扑结构

网络的拓扑结构即网络结构下的实际布线系统。常见的布线的拓扑结构有星型、总线型和环型拓扑结构三种。针对各种局域网络布线结构的优缺点，注意其性能与故障的差异，然后选择实现网络传输的方式。常用的传输方式是 Ethernet（以太网），是一种支持广泛的传输协议以及多种布线形式的成熟标准。了解局域网使用的传输方式是局域网管理的基本条件之一。

3. 确定网络互联

网络连接需确定该局域网的所有子网和各个客户机都能连通，并记录网络中各个子网以及客户机的 IP 地址分配。

4. 确定用户负载和定位

网络负载最重要的方面是用户的分布，因为每一个网络和服务器上的用户数量都是影响网络性能的关键因素，因此确定网络上有多少用户以及他们各自的定位尤其重要。首先，查看文件服务器上的负载，了解文件服务器正常运行的时间，查看服务器 CPU 的使用率以及服务器上网络连接的数目，这些数据提供了网络负载的直接数据。然后，利用这些数据分析众多服务器中哪个使用率最高，哪些网络的负担最重，最终确定整个网络负载的情况。

（二）局域网运行

要使一个局域网顺利运转必须完成很多工作，这些工作包括以下几个方面。

1. 配置网络

配置网络的工作就是选择网络操作系统、选择网络连接协议，并根据选择的网络协议配置客户机的网络软件。

2. 配置网络服务器

在服务器上用磁盘和卷根据内容的性质与空间大小分配来划分工作，这样可以把不同的程序和数据按照一种顺序存放在磁盘中。而卷的使用不仅可以按一定的层次存放数据，还可以控制用户的访问权，并在服务器上启动网络服务进程，监测网络用户的访问。

3. 网络安全控制

网络安全控制的首要任务是管理用户注册和访问权限。对于局域网用户，利用网络操作系统的用户管理和权限分配工具可以检查和设置用户信息、进行账号限制。例如，改变账号密码、设置组、确定组中的账号、修改组或账号的权限、设定账号有效时间、定时对网络当前访问情况进行检查并做好记录，及时发现异常情况。另外，管理局域网外部权限和连接也很重要，一般局域网外部用户可能会访问该局域网，如查看已有文件、传递他们的文件或使用其他网络资源。因此对这种用户也需要建立账号，但应根据其使用网络的目的来控制其访问权限，并且定期检查哪些用户最近没有注册，及时注销一些不再需要的账号。

局域网安全控制的另一项重要任务就是查找并消除病毒，所以一定要在服务器上安装杀毒软件，并随时升级更新。

（三）网络维护

1. 常见网络的故障和修复

局域网的故障检测是维护局域网正常运行的有力手段。从局域网故障现象来看，其主要有硬件故障和软件故障两大类。硬件故障主要有网卡、集线器、交换机、路由器、布线系统等联网设备故障和服务器、工作站、打印机等网络设备故障。软件故障主要有系统软件故障、应用软件故障、设备软件故障、嵌入式系统设备软件故障、协议类故障等。网络故障诊断是利用收集到的故障信息，用一个或多个假设解释出现的故障，然后进行故障检测，判断故障的位置，排除故障，最后验证故障排除。

2. 网络检查

网络检查是在网络正常运转情况下，对服务器状态和网络运行情况的动态信息收集和分析的过程。有些数据最好每天检查一次，而有些数据可以较长时间检查一次。

3. 网络升级

网络升级是一个持续的过程，网络操作系统的升级通常是最迫切的，但硬件和软件也可能需要升级。

服务器的升级是最重要的。必须升级的服务器有三种：第一种是用户许可证升级，如果网络服务器的能力已达到最大限度，并需要容纳更多的用户，就需要进行许可证升级；第二种服务器升级是网络操作系统的升级，如果使用的是过时的或有故障的网络操作系统，就应该将其升级为最新的版本；第三种服务器升级所指的范围相对来说要广泛一些，主要指硬件升级。硬件升级可能包括增加磁盘空间、改进容错措施或系统升级。另外，客户软件的升级有时也是很必要的，因为旧客户软件对于网络操作系统可能是一种沉重的负担。

二、局域网安全

（一）局域网安全隐患

网络使用户能以最快的速度获取信息，但是非公开性信息被盗和被破坏是目前局域网面临的主要问题。[①]

1. 局域网病毒

在局域网中，网络病毒除了具有可传播性、可执行性、破坏性、隐蔽性等计算机病毒的共同特点外，还具有如下几个新特点：

（1）传染速度快

在局域网中，是通过服务器连接每一台计算机的，这给病毒传播提供了有效的通道，使得病毒传播速度很快。在正常情况下，只要网络中有一台计算机存在病毒，在很短的时间内，将会导致局域网内的计算机相互感染。

---

① 李书梅，张明真. 黑客攻防从入门到精通　黑客与反黑客工具篇　第2版 [M]. 北京：机械工业出版社，2020：250.

（2）对网络破坏程度大

如果局域网感染病毒，将直接影响整个网络系统的工作。轻则降低速度，重则破坏服务器中的重要数据信息，甚至导致整个网络系统崩溃。

（3）病毒不易清除

清除局域网中的计算机病毒要比清除单机中的病毒复杂得多。局域网中只要有一台计算机未被完全消除病毒，就可能使整个网络重新被病毒感染。即使刚刚完成清除工作的计算机，其也很有可能立即被局域网中的另一台带病毒的计算机感染。

2. ARP 攻击

ARP 攻击主要存在于局域网中，对网络安全危害极大。ARP 攻击就是通过伪造的 IP 地址和 MAC 地址实现 ARP 欺骗，可以在网络中产生大量的 ARP 通信数据，使网络系统传输发生阻塞。如果攻击者持续不断地发出伪造的 ARP 响应包，就能更改目标主机 ARP 缓存中的 IP-MAC 地址，使网络遭受攻击或中断。

3. ping 洪水攻击

Windows 提供一个 ping 程序，使用它可以测试网络是否连通。ping 洪水攻击也被称为 ICMP 入侵，它是利用 Windows 系统的漏洞来入侵的。计算机运行如下命令："ping-165500-t 192. 168. 0. 1"，192. 168. 0. 1 是局域网服务器的 IP 地址，这样就会不断地向服务器发送大量的数据请求。如果局域网内的计算机很多，且同时都运行了命令"ping-165500-t 192. 168. 0. 1"，服务器将会因 CPU 使用率居高不下而崩溃。这种攻击方式也称 DoS 攻击（拒绝服务攻击），即在一个时段内连续向服务器发出大量请求，服务器因来不及回应而死机。

4. 嗅探

局域网是黑客进行监听嗅探的主要场所。黑客在局域网内的一个主机、网关上安装监听程序，就可以监听整个局域网的网络状态、数据流动、传输数据等信息。因为一般情况下，用户的所有信息，如账号和密码都是以明文的形式在网络上传输，所以很可能被探到。目前，可以在局域网中进行嗅探的工具有很多，如 Sniffer 等。

（二）局域网安全风险

任何网络的安全风险都不是单一的，而是立体的，关乎各个系统甚至整个信息网。了解安全风险来自何处，能更好地防御来自各个层面的诸多风险。①

1. 物理层安全风险

物理层安全风险主要是指物理层的媒体受到破坏，从而造成网络系统的阻断。通常包括诸如设备链路老化、设备被盗或有意无意被毁坏、因电磁辐射造成的信息泄露及各种突发的自然灾害等情况。

2. 网络层安全风险

网络层安全风险主要是由于数据传输、网络边界和网络设备等引发的安全风险，主要包括以下几种。

（1）数据传输安全风险

数据在传输过程中经常会出现窃听、恶意篡改或破坏等现象，而对于高校局域网而言，出现最多的是私接网络和假冒 MAC、IP 地址以取得上网服务等。

（2）网络边界风险

高校局域网由于应用功能，对 Internet 开放了 WWW、E-mail 等服务。如果局域网在网络边界没有强有力的控制，在受到非法访问或黑客恶意攻击时，服务器就会受到极大的破坏。

（3）网络设备风险

庞大的校园局域网运行需要大量设备，这些设备本身的安全也需要考虑。若是其中一些设备配置不当或者配置信息被改动，将会引起信息泄露，甚至使整个网络全面瘫痪。

3. 应用层安全风险

应用层安全风险主要来自局域网所使用的操作系统和应用系统。局域网操作系统一般使用 Windows 系列和类 UNIX 系列，这些系统开发商必然留有"后门"，如不进行相应的安全配置，将会面临一定的风险。而且随着计算机技术的发展，这些系统本身就会出现漏洞，网络管理人员大都不会经常进行安全漏洞修补。另外，一些用户的不当行为习惯，如浏览黄色或暴力网站、使用带毒闪存盘等都极容易使服务器感染病毒或者遭受黑客攻击。

4. 管理层安全风险

局域网的安全风险也可能来自责权不明，如管理意识的欠缺、管理机构的不健全、管理制度的不完善和管理技术的不先进等因素。

---

① 邵云蛟. 计算机信息与网络安全技术［M］. 南京：河海大学出版社，2020：149.

第五节　局域网集成技术

一、局域网集成的定义和原则

(一) 局域网的集成定义

局域网的集成就是通过企业网络建设实现计算机网络之间的安全、高速的相互访问，为企业实现办公自动化和运行基于计算机网络的应用信息管理系统提供良好的硬件平台。从而达到充分利用各种电子信息技术使企业的办公、管理逐步实现计算机网络化、信息化、现代化的目的。

(二) 局域网集成的原则

局域网是所有信息网络应用的基础设施，其设计是否合理，对网络的应用和发展非常重要。网络总体设计不仅要考虑到近期目标，也要为网络的进一步发展留有扩展的余地，因此需要统一规划和设计。建设一个现代化的网络系统，应尽可能采用先进而成熟的技术，应在相当长的时间内保证其先进性。局域网的集成原则如下。

1. 高效性原则
网络系统应具有很高的资源利用率。

2. 可扩展性原则
网络系统应在规模和性能两方面具有良好的可扩展性。

3. 高性价比原则　·
网络系统应具有较高的性能价格比，技术优先兼顾价格。

二、局域网集成的工作模式和网络结构

(一) 局域网集成的工作模式

1. 专用服务器结构 (Server-Based)
又称为"工作站/文件服务器"结构，由若干台微机工作站与一台或多台文件服务器通过通信线路连接起来组成。工作站存取服务器文件、共享存储设备。

2. 客户机/服务器模式（Client/Server）

其中一台或几台较大的计算机集中进行共享数据库的管理和存取，称为服务器，而将其他的应用处理工作分散到网络中其他微机上去做，构成分布式的处理系统。

3. 对等式网络（Peer-to-Peer）

在拓扑结构上与专用 Server 与 Client/Server 相同。在对等式网络结构中，没有专用服务器。每一个工作站既可以起客户机的作用，也可以起服务器的作用。

（二）局域网集成的网络结构

根据网络系统的建设目标，结合网络技术的发展现状，局域网的集成结构一般采用 100 Mb/s 快速以太网为主干网，与网络用户的交换采用星型网络结构。

骨干连接承担整个计算机网络的数据交换工作，因此它必须具备优良性能和高度的安全性、可靠性。骨干连接采用高性能骨干交换机，它具备 100 Mb/s 端口连接速率，用于高速连接各功能服务器、各办公楼等。

二级连接承担各办公楼、各楼层或办公室数据交换工作，并通过主干交换机与其他二级交换机进行数据交换，采用由光纤上联端口 100 Mb/s 以太网交换机，通过光纤连接主交换机，100 Mb/s 交换到桌面。

第七章　入侵检测技术应用研究

如今，网络安全问题越来越受到人们的关注，也逐渐成为各相关科研机构研究的热点。传统的网络安全技术以防护为主，即采用以防火墙为主体的安全防护措施。但是，面对网络大规模化和入侵复杂化的发展趋势，以防火墙技术为主的被动防御技术越来越力不从心，由此产生了以入侵检测技术为主的主动保护技术。入侵检测技术是网络安全的核心技术之一，它通过从计算机网络或计算机系统中的若干关键点收集信息并对其进行分析，从而发现网络或系统中是否有违反安全策略的行为和遭到袭击的迹象。利用入侵检测技术，不但能够检测到外部攻击，而且能够检测到内部攻击或误操作。但是入侵检测技术还处在不断发展的过程中。本章主要论述了入侵检测基础知识、入侵检测技术与应用、入侵检测系统的实现、入侵检测的发展趋势等内容。

第一节　入侵检测基础知识

一、入侵检测的概念

入侵检测（Intrusion Detection）是指通过收集和分析网络行为、安全日志、审计数据、其他网络上可以获得的信息以及计算机系统中若干关键点的信息，来检测网络或系统中是否存在违反安全策略的行为和被攻击的迹象，并能对攻击行为做出响应。入侵检测是检测和响应计算机误用的学科，其作用包括威慑、检测、响应、损失情况评估、攻击预测和起诉支持。

违反安全策略的行为有：入侵——非法用户的违规行为；滥用——合法用户的违规行为。入侵检测通过执行以下任务来实现：监视、分析用户及系统活动；系统构造和弱点的审计；识别反应一直进攻的活动模式并向相关人士报警；异常行为模式的统计分析；评估重要系统和数据文件的完整性；操作系统的审计跟踪管理，并识别用户违反安全策略的行为。

二、入侵检测的功能

应用入侵检测技术，是在入侵攻击对系统发生危害前，检测到入侵攻击，并利用报警与防护系统驱逐入侵攻击。在入侵攻击过程中，能减少入侵攻击所造成的损失。在被入侵攻击后，收集入侵攻击的相关信息，作为防范系统的知识填入知识库内，以增强系统的防范能力。[①]

入侵检测功能大致分为以下几个方面。

（一）监控、分析用户和系统的活动

这是入侵检测系统能够完成入侵检测任务的前提条件。入侵检测系统通过获取进出某台主机及整个网络的数据，或者通过查看主机日志等信息来监控用户和系统活动。获取网络数据的方法一般是"抓包"，即将数据流中的所有包都抓下来进行分析。

如果入侵检测系统不能实时地截获数据包并对它们进行分析，就会出现漏报或网络阻塞的现象。前一种情况下系统的漏报会很多；后一种情况会影响到入侵检测系统所在主机或网络的数据流速，入侵检测系统成为整个系统的瓶颈。因此，入侵检测系统不仅要能够监控、分析用户和系统的活动，还要使这些操作足够快。

（二）发现入侵企图或异常现象

这是入侵检测系统的核心功能。主要包括两个方面，一是入侵检测系统对进出网络或主机的数据流进行监控，查看是否存在入侵行为；另一方面则评估系统关键资源和数据文件的完整性，查看系统是否已经遭受了入侵。前者的作用是在入侵行为发生时及时发现，从而避免系统遭受攻击；而后者一般是攻击行为已经发生，但可以通过分析攻击行为留下的痕迹，避免再次遭受攻击。对系统资源完整性的检查也有利于对攻击者进行追踪或者取证。

对于网络数据流的监控，可以使用异常检测的方法，也可以使用误用检测的方法。目前还有很多新技术，但多数都还在理论研究阶段。现在的入侵检测产品使用的主要还是模式匹配技术。检测技术的好坏，直接关系到系统能否精确地检测出攻击，因此，对于这方面的研究是入侵检测系统研究领域的主要工作。

---

① 卫宏儒. 信息安全与密码学教程［M］. 北京：机械工业出版社，2022：236.

(三) 记录、报警和响应

入侵检测系统在检测到攻击后，应该采取相应的措施来阻止或响应攻击。它应该先记录攻击的基本情况，并能够及时发出警告。良好的入侵检测系统，不仅应该能把相关数据记录在文件或数据库中，还应该提供报表打印功能。必要时，系统还能够采取必要的响应行为，如拒绝接收所有来自某台计算机的数据，追踪入侵行为等。实现与防火墙等安全部件的交互响应，也是入侵检测系统需要研究和完善的功能之一。

作为一个功能完善的入侵检测系统，除具备上述基本功能外，还应该包括其他一些功能，比如审计系统的配置和弱点评估，关键系统和数据文件的完整性检查等。此外，入侵检测系统还应该为管理员和用户提供友好、易用的界面，方便管理员设置用户权限、管理数据库、手工设置和修改规则、处理报警和浏览、打印数据等。[①]

三、入侵检测的分类

入侵检测可以根据入侵检测原理、系统特征和体系结构来分类。

(一) 根据检测原理分类

根据系统所采用的检测方法不同，可将入侵检测系统分为三类：异常检测系统、滥用检测系统、混合检测系统。

1. 异常检测系统

在异常检测系统中，观察到的不是已知的入侵行为，而是所研究的通信过程中的异常现象，它通过检测系统的行为或使用情况的变化来完成。在建立该模型之前，首先必须建立统计概率模型，明确所观察对象的正常情况，然后决定在何种程度上将一个行为标为"异常"，并做出具体决策。

异常检测系统只能识别出那些与正常过程有较大偏差的行为，而无法知道具体的入侵情况。由于对各种网络环境的适应性不强，且缺乏精确的判定准则，异常检测经常会出现虚警情况。

2. 滥用检测系统

在滥用检测系统中，入侵过程模型及其在被观察系统中留下的踪迹是决策的基础，所以可事先定义某些特征的行为是非法的，然后将观察对象与之进行比较，以做出判别。

---

① 李剑，杨军. 网络空间安全导论 [M]. 北京：机械工业出版社，2021：77.

滥用检测系统基于已知的系统缺陷和入侵模式，故又称特征检测系统。它能够准确地检测到某些特征的攻击，但却过度依赖事先定义好的安全策略，所以无法检测系统未知的攻击行为，从而产生漏警。

3. 混合检测系统

近几年来，混合检测系统日益受到人们的重视。这类检测系统在做出决策之前，既分析系统的正常行为，又观察可疑的入侵行为，所以判断更全面、更准确、更可靠。它通常根据系统的正常数据流背景来检测入侵行为，因而也有人称其为"启发式特征检测系统"。

（二）根据系统特征分类

作为一个完整的系统，入侵检测系统显然不仅仅只包括检测模块，它的许多系统特性非常值得研究。

1. 检测时间

有些系统以实时或近乎实时的方式检测入侵活动，而另一些系统在处理审计数据时则存在一定的延时。一般的实时系统可以对历史审计数据进行离线操作，系统就能够根据以前保存的数据重建过去发生的重要安全事件。

2. 数据处理的粒度

有些系统采用了连续处理的方式，而另一些系统则在特定的时间间隔内对数据进行批处理操作，这就涉及处理粒度的问题。它跟检测时间有一定关系，但两者并不完全一样，一个系统可能在相当长的时延内进行连续数据处理，也可以实时地处理少量的批处理数据。

3. 审计数据来源

数据来源主要有两种：网络数据和基于主机的安全日志文件。后者包括操作系统的内核日志、应用程序日志、网络设备（如路由器和防火墙）日志等。

4. 互操作性

不同的入侵检测系统运行的操作系统平台往往不一样，其数据来源、通信机制、消息格式也不尽相同，一个入侵检测系统与其他入侵检测系统或其他安全产品之间的互操作性是衡量其先进与否的重要标志。

（三）根据体系结构分类

按照系统的体系结构，入侵检测系统可分为集中式、等级式和协作式三种。

1. 集中式

集中式结构的入侵检测系统可能有多个分布于不同主机上的审计程序，但只有一个中央入侵检测服务器。审计程序把当地收集到的数据踪迹发送给中央服务器进行分析处理。

但这种结构的入侵检测系统在可伸缩性、可配置性方面存在致命缺陷：第一，随着网络规模的增加，主机审计程序和服务器之间传送的数据量就会骤增，导致网络性能大大降低；第二，系统安全性脆弱，一旦中央服务器出现故障，整个系统就会陷入瘫痪；第三，根据各个主机不同需求配置服务器也非常复杂。

2. 等级式

等级式结构的入侵检测系统用来监控大型网络，它定义了若干个分等级的监控区，每个入侵检测系统负责一个区，每一级入侵检测系统只负责所监控区的分析，然后将当地的分析结果传送给上一级入侵检测系统。这种结构仍存有两个问题：第一，当网络拓扑结构改变时，区域分析结果的汇总机制也需要做相应调整；第二，这种结构的入侵检测系统最后还是要把各地收集到的结果传送到最高级的检测服务器进行全局分析，所以系统的安全性并没有实质性改进。

3. 协作式

协作式结构的入侵检测系统是将中央检测服务器的任务分配给多个基于主机的入侵检测系统。这些入侵检测系统不分等级，各司其职，负责监控当地主机的某些活动。所以，其可伸缩性、安全性都得到了显著提高，但维护成本却高了很多，并且增加了所监控主机的工作负荷，如通信机制、审计开销、踪迹分析等。

四、研究入侵检测的必要性

计算机网络安全应提供保密性、完整性以及抵抗拒绝服务的能力，但是由于联网用户的增加，越来越多的系统受到攻击。入侵者利用操作系统或者应用程序的缺陷企图破坏系统。为了对付这些攻击企图，可以要求所有的用户确认并验证自己的身份，并使用严格的访问控制机制，还可以用各种密码学方法对数据提供保护，但是这并不完全可行。另一种对付破坏系统企图的理想方法是建立一个完全安全的系统。但这样的话，就要求所有的用户能识别和认证自己，还要采用各种各样的加密技术和强访问控制策略来保护数据。而从实际上看，这根本是不可能的。这里有以下几个方面的原因。

（1）在实践中，建立完全安全的系统根本是不可能的。对现今流行操作系统和应用程序进行研究，我们发现，软件中不可能没有缺陷。另外，设计和实现一个整体安全系统相当困难。

（2）要将所有已安装的具有安全缺陷的系统转换成安全系统需要相当长的时间。

（3）如果口令是弱口令并且已经被破解，那么访问控制措施不能够阻止受到危害的授权用户的信息丢失或者破坏。

（4）静态安全措施不足以保护安全对象属性。通常，在一个系统中，担保安全特性的静态方法可能过于简单不充分，或者过度地限制用户。例如，静态技术未必能阻止违背安全策略而浏览数据文件；而强制访问控制仅允许用户访问具有合适的通道的数据，这样就造成系统使用麻烦。因此，一种动态的方法如行为跟踪检测和尽可能阻止安全突破是必要的。

（5）加密技术方法本身存在一定问题。

（6）安全系统易受内部用户滥用特权的攻击。

（7）安全访问控制等级和用户的使用效率成反比，访问控制和保护模型本身存在一定问题。

（8）在软件工程中存在软件测试不充足、软件生命周期缩短、大型软件复杂程度高等难题，工程领域的困难复杂性使得软件不可能无错误，而系统软件容错恰恰是安全的弱点。

（9）修补系统软件缺陷不能令人满意。由于修补系统软件的缺陷需要一定的时间，计算机系统不安全状态将持续相当长一段时间。

基于上述几类问题的解决难度，一个实用的方法是建立比较容易实现的安全系统，同时按照一定的安全策略建立相应的安全辅助系统。入侵检测系统就是这样一类系统，现在安全软件的开发方式基本上就是按照这个思路进行的。就目前系统安全状况而言，系统存在被攻击的可能。但是，如果系统遭到了攻击，需要尽可能地检测到，甚至是实时地检测到，然后再采取适当的处理措施。入侵检测系统一般不是采取预防的措施防止入侵事件的发生。入侵检测作为安全技术，其主要目的有：识别入侵者；识别入侵行为；检测和监视已成功的安全突破；为对抗入侵及时提供重要信息，阻止事件的发生和事态的扩大。从这个角度看待安全问题，入侵检测非常必要，它将有效地弥补传统安全保护措施的不足。

第二节 入侵检测技术与应用

一、入侵检测技术

在入侵检测系统中，主要的分析方法有两大类：一类是以系统的不正常行为建模，称为误用检测技术；另一类是以系统的正常行为建模，称为异常检测技术。误用检测对检测已知攻击比较有效，异常检测可以在一定程度上检测未知攻击。对于这两种入侵检测的分析方法，各有一种有代表性的检测方法，它们分别是模式匹配和统计分析。

（一）模式匹配技术

入侵检测技术是网络安全的一个重要领域。网络级的入侵检测可以分为数据包的捕获、数据包的预处理以及对数据包进行攻击检测的过程。模式匹配是入侵检测系统所使用的基于攻击特征的网络数据包检测技术，也是入侵检测系统中一个最基本、最关键的技术。在实际的网络运行中，数据包的捕获速度与解释速度不能匹配，模式匹配速度的快慢直接影响到入侵检测系统的效率。

模式匹配的方法属于误用检测，它是将收集到的信息与已知的网络入侵及系统误用模式数据库进行比较、匹配，从而发现违背安全策略的行为。模式匹配的过程可以很简单（如通过字符串匹配以寻找一个简单的条目或指令），也可以很复杂（如利用正规的数学表达式来表示安全状态的变化）。一般来讲，一种进攻模式可以用一个过程（如执行一条指令）或一个输出（如获得权限）来表示。模式匹配的一大优点是只需收集相关的数据集合，系统负担显著减少，且技术已相当成熟。使用模式匹配对于检测已知攻击的准确率和执行效率都相当高。但是，该方法存在的弱点是需要不断地升级以应对不断出现的黑客攻击手法，它不能检测到从未出现过的黑客攻击手段。

（二）统计分析技术

基于概率统计的检测技术是在异常入侵检测中最常用的技术，它是对用户历史行为建立模型。根据该模型，当发现有可疑的用户行为发生时保持跟踪，并监视和记录该用户的行为。这种方法的优越性在于它应用了成熟的概率统计理论；缺点是由于用户的行为非常复杂，因而要想准确地匹配一个用户的历史行为非常困难，易造成系统误报、错报和漏报；定义入侵阈值比较困难，阈值高则误检率提高，阈值低则漏检率增高。

SRI（Standford Research Institute）研制开发的 IDES（Intrusion Detection Expert System）是一个典型的实时检测系统。IDES 系统能根据用户以前的历史行为，生成每个用户的历史行为记录库，并能自适应地学习被检测系统中每个用户的行为习惯，当某个用户改变其行为习惯时，这种异常就被检测出来。这种系统具有固有的弱点，比如，用户的行为非常复杂，因而要想准确地匹配一个用户的历史行为和当前行为是非常困难的。这种方法的一些假设是不准确或不贴切的，容易造成系统误报或错报、漏报。

在这种实现方法中，检测器首先根据用户对象的动作为每一个用户都建立一个用户特征表，通过比较当前特征和已存储的以前特征，判断是否有异常行为。用户特征表需要根据审计记录情况而不断地加以更新。在 SRI 的 IDES 中给出了一个特征简表的结构：<变量名，行为描述，例外情况，资源使用时间周期，变量类型，阈值，主体，客体，值>，其中变量名、主体、客体唯一确定了每个特征简表，特征值由系统根据审计数据周期地产生。这个特征值是所有有悖于用户特征的异常程度值的函数。

这种方法的优越性在于能应用成熟的概率统计理论，不足之处在于：

（1）统计检测对于事件发生的次序不敏感，完全依靠统计理论可能会漏掉那些利用彼此相关联事件的入侵行为；

（2）定义判断入侵的阈值比较困难，阈值太高则误检率提高，阈值太低则漏检率增高。

（三）基于神经网络的检测技术

基于神经网络的检测技术的基本思想是用一系列信息单元训练神经单元，在给定一定的输入后，就可能预测出输出。它是对基于概率统计的检测技术的改进，主要克服了传统的统计分析技术的一些问题：

（1）难以表达变量之间的非线性关系。

（2）难以建立确切的统计分布。统计方法基本上是依赖对用户行为的主观假设，如偏差的高斯分布，错发警报常由这些假设所导致。

（3）难以实施方法的普遍性。适用于某一类用户的检测措施一般无法适用于另一类用户。

（4）实现方法比较昂贵。基于统计的算法对不同类型的用户不具有自适应性，算法比较复杂、庞大，算法实现上昂贵，而神经网络技术实现的代价较小。

（5）系统臃肿，难以剪裁。由于网络系统是具有大量用户的计算机系统，要保留大量的用户行为信息，使得系统臃肿，难以剪裁。基于神经网络的技术能把实时检测到的信息有效地加以处理，做出攻击可行性的判断。

基于神经网络的模块，当前命令和刚过去的四个命令组成了网络的输入。根据用户代表性命令序列训练网络后，该网络就形成了相应的用户特征表。网络对下一事件的预测错误率在一定程度上反映了用户行为的异常程度。这种方法的优点在于能够更好地处理原始数据的随机特性，即不需要对这些数据作任何统计假设并有较好的抗干扰能力；缺点是网络的拓扑结构以及各元素的权值很难确定，命令窗口的大小也很难选取。窗口太大，网络降低效率；窗口太小，网络输出不好。

目前，神经网络技术提出了对基于传统统计技术的攻击检测方法的改进方向，但尚不十分成熟，所以传统的统计方法仍继续发挥作用，能为发现用户的异常行为提供相当有参考价值的信息。

（四）基于免疫的检测

计算领域中的安全问题与自然系统的免疫问题类似。在计算过程中，系统的保密性、完整性和可行性可能受到来自内部和外部入侵的威胁。1994 年提出的运用免疫学原理解决计算机安全问题的思想在当时用于解决病毒检测问题。网络中安全问题也类似，可以将免疫学运用到其中，使整个系统具有适应性、自我调节性、可扩展性。人的免疫系统成功地保护人体不受各种抗原和组织的侵害，这个重要的特性吸引了许多计算机安全专家和人工智能专家。通过学习免疫专家的研究成果，计算机专家提出了计算机免疫系统。在许多传统的网络安全系统中，每个目标都将它的系统日志和搜集到的信息传送给相应的服务器，由服务器分析整个日志和信息，判断是否发生了入侵。基于免疫的入侵检测系统运用计算免疫的多层性、分布性、多样性等特性设置动态代理，实时分层检测和响应机制。

免疫代理模型的主要思想是区分自我和非我。正常的行为定义为自我，其他异常行为是非我。在模型中，自我定义为正常的网络活动，用相应的参数结构表示，正常的标准在系统运行前通过自学习获得。自我分四层进行定义：用户层、系统层、进程层和网络层，其中，用户层主要监控以下参数：用户类型和用户权限、登录和退出时间和地点、资源和目录的存取、所用软件或程序的类型等。系统层主要监控参数：每个用户的累计 CPU 使用、内或外存的使用、交换区的数量、空白存储区的大小、I/O 和磁盘的使用等。进程层的主要监控参数有：进程数量和类型、进程之间的关系、进程的运行时间、进程的现有状态（运行、阻塞、等待等）、各种进程所占的时间比（用户、进程、系统进程等）等。网络层可监控以下参数：网络连接数量和状态、平均发送包的数量、连接时间、连接类型（远程或本地）、使用的协议和端口等。

（五）数据挖掘技术

数据挖掘通常被称为知识发现，是一种脱机知识创建过程。这些知识是隐含的、事先未知的、潜在的有用信息，提取的知识表示为规则、特征及模式等形式。其过程一般包括数据采集、数据预处理、数据开采、知识评价和呈现。

数据挖掘技术适于从历史行为数据中进行数据提取，在入侵检测系统中，可应用于对用户行为数据进行特征的提取。其分析方法主要有以下四种：关联分析、序列模式分析、分类分析和聚类分析。其中，关联分析和序列分析方法可以发现隐藏在数据间的关系，提取出入侵者入侵行为之间的关联特征，找出各种入侵行为之间的相关性。分类分析方法可以在前两项分析的基础上，对具有不同的行为特征的入侵进行分类，判断入侵行为的可疑程度。聚类分析根据一定的规则对用户行为数据重新划分，以此获得更好的结果。

（六）数据融合技术

随着因特网的迅速发展，网络规模也在不断扩大，入侵检测系统中的待处理数据也呈几何级数增长。于是，海量数据处理问题也正在成为入侵检测系统的关键问题。而正在兴起的数据融合技术为该问题提供了良好的解决方案。

数据融合是指在入侵检测系统中采用多种分析和检测机制，针对系统中不同的安全信息进行分析，并对它们的结果进行融合和决策。这样会有效地提高系统检测的正确率。入侵检测中的数据融合问题早已被人提出，并有一些组织致力于这方面的研究。[①]

二、入侵检测技术的应用

（一）计算机数据库入侵检测技术应用的重要性

该技术的主要功能在于识别和采取拦截操作，将来自外界的对计算机数据库的入侵行为作为针对的对象，例如垃圾信息、入侵病毒等，从而为整个计算机系统的流畅、安全运作提供保障。

入侵检测技术为人们到访数据库增设了非常必要的关卡，是人们所应用的

---

① 桂小林. 物联网信息安全 第2版［M］. 北京：机械工业出版社，2021：188-190.

计算机进行主动防护的技术。在实践中，只有到访者顺应计算机系统的防御规律，"验明正身"，方能真正接触到其数据库核心。如果到访者抱有非法目的，就会在进入数据库之前受到严密的防御关卡的抵制。可见，入侵检测技术的应用能够迫使人们克服不良的计算机应用习惯，以及自觉保持良好的计算机网络应用秩序，使基于不合法目的和不合理手段的数据库访问行为被拒之门外，从而保证计算机网络环境的和谐、清净。

当然，在不断革新的技术加持下，网络黑客以及病毒等问题凸显，这不断提醒着数据库入侵检测技术研发者、应用者们要持续地与其进行博弈，不间歇地进行入侵检测技术的升级，再升级。这个过程中，相关人员需要有一双善于发现的眼睛，及时查找出当前检测技术中的缺陷，继而加以弥补和攻克技术难关。

（二）计算机数据库现有的入侵检测技术缺陷

1. 偶有漏报、错报问题

尽管数据库入侵检测技术一直在进行升级，其对于数据信息的筛选、辨识能力越来越强，但是仍不能完全覆盖所有信息识别。这是因为现代的网络环境具有复杂性，不仅数据量浩如烟海，而且在种类上也愈发多元，并处在快速增长中。这给入侵检测技术的研究和应用带来诸多不确定性，使其入侵检测识别的功能，包括采用的算法、应用的数学模型等，在对比之下有所局限。由此，数据库入侵检测技术内嵌于计算机数据库中后，能够保证进行常态化的入侵行为识别、防御，也会在未知的新增有害程序或到访行为面前显出无力，出现一定概率的漏报、错报问题。该类问题的存在，会一定程度上降低人的计算机应用满意度，也使人在信息安全威胁面前产生焦虑。

2. 可扩张性不足

一方面，从数据库入侵检测系统的研究与设置更新角度而言，由于其系统内的功能参数均依靠技术人员的人工设置，所以更新提速慢。而且，系统中一些参数还涉及重复设置，一定程度上要损耗昂贵的人力、资金、时间等成本，使得其技术应用更新自带局限性。在信息发达的当下社会，各种新型木马病毒、技术黑客层出不穷，让入侵检测技术研究开发人员应接不暇，其相应的技术不能及时有效应对（识别、检测），所以可扩张性的不足更被突显。另一方面，就用户角度而言，他们往往缺乏有原理依据的技术支撑，仅能按照入侵检测系统的操作说明来操作，而且已习惯于"一键查杀"，不懂得深度应用系统的潜在功能。这就使得一些在日常可以被检测、防御的系统危险因素有了可乘之机，降低了入侵检测系统的实际运行作用，不仅危害了计算机数据安全，还局限了入侵检测技术的应用。

3. 检测成本高而效率低

在计算机数据库安全防御方面，其运行入侵检测技术的主要落脚点在于进行到访行为或数据库数据的扫描、分析、计算，所以在相应环节所耗费的时间多、成本高。具体而言，实际的数据库入侵检测并不是一劳永逸的，而是为了使检测持续发挥作用，要不断地进行信息交换，即叠加地、无限次地检测。这样，其检测成本高就不言而喻了。另外，由于入侵检测技术在开发升级过程中，难免有未知领域没能攻克，所以其技术对危险的干扰因素的排除也是有局限性的，就出现了一些入侵识别因素配置不准的现象。这造成计算机要反复进行检测或检测失败的情况出现，也会增加相应成本。效率方面：数据库入侵检测的执行所依托的是对二进制的进项进行识别转化，其转化速度与检测效率呈正相关。显然，当计算机运行负荷较低，即所要处理的信息数据量不大时，相对应的检测操作会更快执行，效率更高；反之，计算机运行负荷高，要处理海量数据，就容易受到干扰和影响检测效率。在这种背景条件下，入侵检测技术若想获得效率的明显改善，就需以二进制编码为基础，尽快建立和完善数据编码的转换标准，从而能更全面地覆盖计算机网络中可能承载的数据，能够在相应类型数据出现时对其实时记录。由此，入侵检测技术的存在才更有价值，更有效。然而，这种方式下的检测效率提高也是相对的。面对不断增量的网络数据，个别性的数据处理效率提高方案仍是杯水车薪。这需要检测技术研究人员以更加强悍的专业能力、创造能力来加以应对。

(三) 计算机数据库入侵检测技术应用优化的方向

1. 使入侵检测进入分布式应用状态

以往的计算机数据库更多是采取集中放置方式，这与其初始发展时的效率要求相适应，但却随着数据库存储容量的增加，以及时代发展后对数据保护的要求的提高而变得不适用。为此，打破集中，采取分布式的数据库应用状态，并配套进行分布式的入侵检测系统安装，将更有利于数据库的安全防护。分布式应用状态下，如果计算机的安全系统遭到恶意破解或有了漏洞，那么其数据库所承受的威胁或出现的损失也会是分散的。而且，数据被分散保护后，入侵者要破解的防御关卡更多了，其攻击力将被大大弱化。

2. 使入侵检测进入层次化应用状态

层次化应用与分布式应用有异曲同工之妙。分布式应用是从横向角度上分散安全威胁和增设防御关卡，而层次化应用则是从纵向角度上，增加数据库保护的层级，使得同一时间攻击计算机数据库的恶意行为必须有能力突破一层层安全检测才能获取完整的数据库数据。无疑，这提高了数据库的安全性能。在层次化要求下，技术人员设置入侵检测系统参数时，要注意设置安全防御的优先级，合理配置预设指标，以使一些关键数据信息获得优先保护，也能在有主次的保护机制下节约系统资源。

3. 使入侵检测进入智能化应用状态

数据库入侵检测技术可以融合人工智能技术，提高数据库自我防御的自动化、智能化水平。例如，基于人工智能的深度分析和学习功能，计算机所遭受过的入侵历史即可转化为系统的研究素材，从而帮助防御系统针对性地判断、处理恶意入侵行为。而智能化技术也可以进一步优化数据库入侵检测系统的反应机制，使其各项指令的发送、启动等都更加精准、迅速，为计算机网络运行减负。[①]

（四）优化计算机数据库入侵检测技术的措施

1. 更新算法

计算机数据库系统中包含多个项目集，通常是利用 Aprior 算法进行计算处理的，而现实中该类算法的效用与功能发挥得并不全面，进一步影响了预算处理的效率。在实践应用阶段，通过 Aprior 算法计算数据库系统中的各类项目集，会出现等待信息整合及运算处理的环节，势必耗费较多的精力和时间，无法确保数据库各类数据信息得到最合理有效的应用，还会对维护管理造成干扰。因此，为进一步强化计算机数据库入侵检测技术的功能与成效，应积极更新 Aprior 算法，全面提升扫描控制能力与水平。

2. 优化调节数据库入侵系统模型

计算机数据库入侵检测技术功能价值的有效发挥，还需要进一步优化调节数据库入侵系统模型。具体来说，需要合理优化模型知识规则库，这是由于入侵检测技术的安全工作模式需要通过知识数据库方能获取，而检测系统则要根据具体操作员工的实际行为、属性特征创造模型及框架，进而与知识规则库中的操作行为进行比对。因此，为确保选择安全模型具有良好的运用性，需要调节知识库，进而预防计算机系统遭受病毒攻击，以及出现非法入侵问题。

3. 完善数据取得模型组

通过合理应用数据取得模型组可确保数据库系统信息数据实现合理的计算。当然，优化完善数据取得模型组的过程中，需要利用知识库及规则库形成具体的对应模型，进而全面地提升获取信息数据的准确性与及时性。[②]

---

① 王东岳，刘浩. 计算机数据库入侵检测技术的应用［J］. 网络安全技术与应用，2022（12）.

② 杨保辉. 计算机数据库入侵检测技术应用［J］. 中国高新科技，2018（19）.

第三节　入侵检测系统的实现

对一个成功的入侵检测系统来说，它不但可使系统管理员时刻了解网络系统（包括程序、文件和硬件设备等）的任何变更，还能给网络安全策略的制定提供指南。更为重要的一点是，它应该管理、配置简单，从而使非专业人员非常容易地获得网络安全；同时，入侵检测的规模还应根据网络威胁、系统构造和安全需求的改变而改变。入侵检测系统在发现入侵后，还要及时做出响应，包括切断网络连接、记录事件和报警等。

入侵检测实现一般分为三个步骤，依次为信息收集、数据分析、响应（被动响应和主动响应）。

一、信息收集

入侵检测的第一步是信息收集，收集的内容包括系统、网络、数据及用户活动的状态和行为。通常需要在计算机网络系统中的若干不同关键点（不同网段和不同主机）收集信息，这除了尽可能扩大检测范围的因素外，还有一个重要的因素就是从一个原来的信息有可能看不出疑点，但从几个原来的信息的不一致性却是可疑行为或入侵的最好标识。入侵检测很大程度上依赖于收集信息的可靠性和正确性，因此，有必要利用所知道的真正的和精确的软件来报告这些信息。因为入侵者经常替换软件以搞混和移走这些信息，例如，替换被程序调用的子程序、库和其他工具。入侵者对系统的修改可能使系统功能失常而看起来跟正常的一样。这需要保证用来检测网络系统的软件的完整性，特别是入侵检测系统软件本身应具有相当强的坚固性，防止被篡改而收集到错误的信息。

入侵检测利用的信息一般来自以下四个方面：

（一）系统和网络日志

如果不知道入侵者在系统上都做了什么，那是不可能发现入侵的。日志提供了当前系统的细节，哪些系统被攻击了，哪些系统被攻破了。因此，充分利用系统和网络日志文件信息是检测入侵的必要条件。日志中包含发生在系统和网络上的不寻常和不期望活动的证据，这些证据可以指出有人正在入侵或已成功入侵了系统。通过查看日志文件，能够发现成功的入侵或入侵企图，并很快地启动相应的应急响应程序。日志文件中记录了各种行为类型，每种类型又包含不同的信息，例如记录"用户活动"类型的日志，就包含登录、用户 ID 改变、用户对文件的访问、授权和认证信息等内容。很显然地，对用户活动来讲，不正常的或不期望的行为就是重复登录失败、登录到不期望的位置以及非授权的企图访问重要文件等等。由于日志的重要性，所有重要的系统都应定期做日志，而且日志应被定期保存和备份，因为不知何时会需要它。许多专家建议定期向一个中央日志服务器上发送所有日志，而这个服务器使用一次性写入的介质来保存数据，这样就避免了攻击者篡改日志。系统本地日志与发到一个远端系统保存的日志提供了冗余和一个额外的安全保护层。现在两个日志可以互相比较，任何的不同都显示系统的异常。

（二）目录和文件中的不期望的改变

网络环境中的文件系统包含很多软件和数据文件，包含重要信息的文件和私有数据文件经常是攻击者修改或破坏的目标。目录和文件中的不期望的改变（包括修改、创建和删除），特别是那些正常情况下限制访问的，很可能就是一种入侵产生的指示和信号。攻击者经常替换、修改和破坏他们获得访问权的系统上的文件，同时为了隐藏系统中他们的表现及活动痕迹，都会尽力去替换系统程序或修改系统日志文件。

（三）程序执行中的不期望行为

网络系统上的程序执行一般包括操作系统、网络服务、用户启动的程序和特定目的的应用，例如数据库服务器。每个在系统上执行的程序由一到多个进程来实现。每个进程执行在具有不同权限的环境中，这种环境控制着进程可访问的系统资源、程序和数据文件等。一个进程的执行行为由它运行时执行的操作来表现，操作执行的方式不同，它利用的系统资源也就不同。操作包括计算、文件传输、设备和其他进程，以及与网络间其他进程的通信。

一个进程出现了不期望的行为可能表明攻击者正在入侵系统。攻击者可能会将程序或服务的运行分解，从而导致它失败，或者是以非用户或管理员意图的方式操作。

（四）物理形式的入侵信息

这包括两个方面的内容，一是未授权的对网络硬件的连接；二是对物理资源的未授权访问。

入侵者会想方设法去突破网络的周边防卫，如果他们能够在物理上访问内部网，就能安装他们自己的设备和软件。依此，入侵者就可以知道网上的由用户加上去的不安全（未授权）设备，然后利用这些设备访问网络。

二、数据分析

对上述四类收集到的有关系统、网络、数据及用户活动的状态和行为等信息，一般通过三种技术手段进行分析：模式匹配、统计分析和完整性分析。其中前两种方法用于实时的入侵检测，而完整性分析则用于事后分析。

（一）模式匹配

模式匹配就是将收集到的信息与已知的网络入侵和系统误用模式数据库进行比较，从而发现违背安全策略的行为。该过程可以很简单（如通过字符串匹配以寻找一个简单的指令），也可以很复杂（如利用正规的数学表达式来表示安全状态的变化）。一般来讲，一种进攻模式可以用一个过程（如执行一条指令）或一个输出（如获得权限）来表示。该方法的一大优点是只需收集相关的数据集合，显著减少系统负担，且技术已相当成熟。它与病毒防火墙采用的方法一样，检测准确率和效率都相当高。但是，该方法存在的弱点是需要不断升级以对付不断出现的黑客攻击手法，不能检测到从未出现过的黑客攻击手段。

（二）统计分析

统计分析方法首先给系统对象（如用户、文件、目录和设备等）创建一个统计描述，统计正常使用时的一些测量属性（如访问次数、操作失败次数和延时等）。测量属性的平均值将被用来与网络、系统的行为进行比较，任何观察值在正常值范围之外时，就认为有入侵发生。例如，统计分析可能标识一个不正常行为，因为它发现一个在晚八点至早六点不登录的账户却在凌晨两点试图登录。其优点是可检测到未知的入侵和更为复杂的入侵，缺点是误报、漏报率高，且不适应用户正常行为的突然改变。具体的统计分析方法如基于专家系统的、基于模型推理的和基于神经网络的分析方法，目前正处于研究热点和迅速发展之中。

（三）完整性分析

完整性分析主要关注某个文件或对象是否被更改，这经常包括文件和目录的内容及属性，它在发现被更改的、被特洛伊化的应用程序方面特别有效。完整性分析使用消息摘要函数，它能识别哪怕是微小的变化。其优点是不管模式匹配方法和统计分析方法能否发现入侵，只要是成功的攻击导致了文件或其他对象的任何改变，它都能够发现。缺点是一般以批处理方式实现，不用于实时响应。尽管如此，完整性检测方法还应该是网络安全产品的必要手段之一。例如，可以在每一天的某个特定时间内开启完整性分析模块，对网络系统进行全面扫描检查。

三、入侵检测响应方式

被动响应型系统只会发出警告通知，将发生的不正常情况报告给管理员，本身并不试图降低所造成的破坏，更不会主动地对攻击者采取反击行动。

主动响应系统可以分为对被攻击系统实施控制和对攻击系统实施控制的系统。

对被攻击系统实施控制（防护）。它通过调整被攻击系统的状态，阻止或减轻攻击影响，例如断开网络连接、增加安全日志、杀死可疑进程等。

对攻击系统实施控制（反击）。这种系统多被军方所重视和采用。

目前，主动响应系统还比较少，即使做出主动响应，一般也都是断开可疑攻击的网络连接，或是阻塞可疑的系统调用，若失败，则终止该进程。但由于系统暴露于拒绝服务攻击下，这种防御一般也难以实施。[1]

第四节　入侵检测的发展趋势

入侵检测系统作为一种主动的安全防护技术，随着网络通信技术对安全性的要求越来越高，为给电子商务等网络应用提供可靠服务，必会更加受到人们的重视。

未来的入侵检测系统将会结合其他网络管理软件，形成入侵检测、网络管理、网络监控"三位一体"的工具。强大的入侵检测软件的出现极大地方便了网络管理，其实时报警为网络安全增加了又一道保障。尽管在技术上仍有许多未克服的问题，但正如攻击技术不断更新一样，入侵检测也会不断发展、成熟。

目前，入侵检测技术的发展趋势主要表现在以下几个方面：

---

[1] 陶斌. 基于代理的入侵检测系统的实现［J］. 电子世界，2020（12）.

一、全面的安全防御方案

使用安全工程风险管理的思想与方法来处理网络安全问题，将网络安全作为一个整体工程来处理。从网络结构、病毒防护、加密通道、防火墙、入侵检测等多方位、全面地对所关注的网络做出评估，然后提出可行的解决方案。

二、分布式智能化入侵检测

针对分布式网络攻击的检测方法，使用分布式的方法来检测分布式的攻击。同时，使用智能化的方法与手段来进行入侵检测。现阶段常用的智能化方法有神经网络、遗传算法、模糊技术、免疫学原理等，常用于入侵特征的辨识与泛化。利用专家系统的思想来构建入侵检测系统实现了知识库的不断更新与扩展，使设计的入侵检测系统的防范能力不断增强，具有更广泛的应用前景。

三、建立入侵检测系统评价体系

设计通用的入侵检测测试、评估方法和平台，实现对多种入侵检测系统的检测，已成为当前入侵检测系统的另一重要研究与发展领域。评价入侵检测系统可从检测范围、系统资源占用、自身的可靠性等多方面进行。

四、改进分析技术

采用当前的分析技术和模型，会产生大量的误报和漏报，难以确定真正的入侵行为。采用协议分析和行为分析等新的分析技术后，可极大地提高检测效率和准确性，从而对真正的攻击做出反应。协议分析是目前较先进的检测技术，通过对数据包进行结构化协议分析来识别入侵企图和行为，这种技术比模式匹配检测效率更高，并能对一些未知的攻击特征进行识别，具有一定的免疫功能。行为分析技术不仅简单分析单次攻击事件，还根据前后发生的事件确认是否确有攻击发生、攻击行为是否生效，是入侵检测技术发展的趋势。

五、对大流量网络的处理能力

随着网络流量的不断增长，对获得的数据进行实时分析的难度加大，这导致对所在入侵检测系统的要求越来越高。入侵检测产品能否高效处理网络中的数据是衡量入侵检测产品的重要依据。

六、向可集成性发展，集成网络监控和网络管理的相关功能

入侵检测可以检测网络中的数据包，当发现某台设备出现问题时，可立即对该设备进行相应的管理。入侵检测系统将会结合其他网络管理软件，形成入侵检测、网络管理、网络监控"三位一体"的工具。

第八章　防火墙技术应用研究

随着网络信息技术的不断发展，如今计算机网络已在众多行业领域得到广泛推广，给人们生产生活带来了极大的影响。人们通过互联网可获取各式各样自身需求的信息，但与此同时也带来了一系列网络安全问题，诸如病毒侵袭、黑客攻击等。为了网络的安全防护，往往需要应用到防火墙技术。防火墙技术可显著提升计算机网络使用的安全性，其还是保障网络环境安全的有力手段，并已然成为现代计算机网络安全体系中不可或缺的一种保护形式。本章将对防火墙技术的相关内容展开叙述。

第一节　防火墙概述

一、防火墙概念

防火墙是保护计算机网络安全的一种 重要技术措施，它利用硬件平台和软件平台在内部网和外部网之间构造一个保护层障碍，用来检测所有内、外部网络的连接，限制外部网络对内部网络的非法访问或者内部网对外部网的非法访问，并保障系统本身不受信息穿越的影响。[①] 换句话说，它通过在网络边界上设立的响应监控系统来实现对网络的保护功能。防火墙属于被动式防卫技术。

对于整个网络环境来说，防火墙是在网络信息交互过程中，针对网络信息实现全面的保护，比如说当网络外部的信息要进入到内部网络环境当中，那么防火墙网络安全技术就能够利用自身的内部组件，针对信息进行安全检测，检测到符合内部网络的要求时，才能够继续实现信息流通，如果当中发现了危险

---

① 龚星宇. 计算机网络技术及应用［M］. 西安：西安电子科学技术大学出版社，2022：185.

信息的存在，那么防火墙就会主动切断跟内部网络之间的联系，在运行中形成安全日志，预防同名的信息继续进行恶意攻击。防火墙的网络安全技术本身就属于一个高质量的运行管理系统。防火墙自身拥有一定的防御能力，能够限制信息流通，同时干预的范围也非常，能够对整个网络进行控制，确保系统不会受到恶意信息的攻击，既能够防止信息泄露，又能够保障信息的安全，实现了防火墙的信息独立处理功能。

二、防火墙的类型

（一）网络级防火墙

网络级防火墙是最简单的防火墙。此种防火墙一般是基于源地址和目的地址、应用或协议以及每个 IP 包的端口来做出能否通过的判断。传统的网络级防火墙是一个路由器，大多数的路由器都能通过检查这些信息来决定是否将所收到的包转发，起到一个过滤的作用。但它不能判断出一个 IP 包来自何方，去向何处。而对于用户来说，这些检查是透明的。

先进的网络级防火墙可以提供内部信息以说明所通过的连接状态和一些数据流的内容，并且定义各种规则来表明是否同意包的通过。防火墙检查每条规则直至发现包中的信息与某规则相符。如果没有一条规则符合，那么防火墙就会使用默认规则，一般情况下，默认规则就是要求防火墙丢弃该包。通过定义基于 TCP 或 UDP 数据包的端口号，防火墙能够判断是否允许建立特定的连接，如 Telnet、FTP 连接。

网络级防火墙简洁、速度快、费用低，并且对用户透明，但是对网络的保护很有限，因为它只检查地址和端口，对网络更高协议层的信息无理解能力。它通常安装在路由器上。因此在原有网络上增加这样的防火墙几乎不需要任何额外的费用。网络级防火墙的缺点有两个：一是非法访问一旦突破防火墙，就能对主机上的软件和配置漏洞进行攻击；二是数据包的源地址、目的地址以及 IP 的端口号都在数据包的头部，很有可能被窃听或假冒。

（二）应用级网关

应用级网关主要工作在应用层。应用级网关往往又称应用级防火墙。应用级网关检查进出的数据包，通过自身（网关）复制传递数据，防止受信主机与非受信主机直接建立联系。应用级网关能够理解应用层上的协议，做复杂一些的访问控制，并进行精细的注册和审核。其基本工作过程是：当客户机需要使用服务器上的数据时，首先将数据请求发给代理服务器，代理服务器再根据这一请求向服务器索取数据，然后再由代理服务器将数据传输给客户机。由于外部系统与内部服务器之间没有直接的数据通道，因此外部的恶意侵害也很难伤害到内部网络。常用的应用级网关有相应的代理服务软件，如 HTTP、SMTP、FTP、Telnet 等，但是对于新开发的应用尚没有相应的代理服务，使用的是网络级防火墙和一般代理服务（如 socks 代理）。

应用级网关有较好的访问控制能力，是目前最安全的防火墙技术。但实现起来很麻烦，而且有的应用级网关缺乏"透明度"。在实际使用中，用户在网络上通过防火墙访问 Internet 时，经常会出现延迟和多次登录才能访问外部网络的问题。此外，应用级网关的每种协议都需要相应的代理软件，使用时工作量大，效率明显不如网络级防火墙。

（三）电路级网关

电路级网关是防火墙的第三种类型，它不允许端到端的 TCP 连接，而是建立两个 TCP 连接，一个是网关本身和内部主机上的 TCP 用户之间；另一个是网关和外部主机上的 TCP 用户之间。一旦两个连接建立起来，网关就会从一个连接向另一个连接转发 TCP，而不检查其内容。安全功能体现在决定哪些连接是允许的，电路级网关的典型应用场合是系统管理员信任内部用户的情况。网关可以配置成在进入连接上支持应用级或代理服务，为输出连接支持电路级功能。在这种配置中，网关可能为了禁止功能而导致检查进入应用数据的处理开支，但不会导致输出数据上的处理开支。

电路级网关实现的一个例子是 socks 软件包，socks5 在 RFC1928 中定义。此外，混合型防火墙（Hybrid Firewall）有时也可成为一种防火墙类型。混合型防火墙把过滤和代理服务等功能结合起来形成新的防火墙，所用主机称为堡垒主机，负责代理服务。

各种类型的防火墙各有优缺点。当前的防火墙已不是单一的包过滤型或代理服务器型防火墙，而是将各种防火墙技术结合起来，形成一个混合的多级防火墙，以提高防火墙的灵活性和安全性。一般采用以下几种技术：动态包过滤，内核透明技术，用户认证机制，内容和策略感知能力，内部信息隐藏，智能日志、审计检测和实时报警，防火墙的交互操作性等。

（四）规则检查防火墙

规则检查防火墙结合了网络级网关、电路级网关和应用级网关的特点。同网络级防火墙一样，规则检查防火墙能够在 OSI 网络层上通过 IP 地址和端口号，过滤进出的数据包。它也像电路级网关一样，能够检查 SYN 和 ACK 标记和序列数字是否逻辑有序。当然它也像应用级网关一样，可以在 OSI 应用层上检查数据包的内容，查看这些内容是否符合公司网络的安全规则。

规则检查防火墙虽然集成前三者的特点，但与应用级网关不同的是，它并不打破客户机/服务器模式来分析应用层的数据，它允许受信任的客户机和不受信任的主机建立直接连接。规则检查防火墙不依靠与应用层有关的代理，而是依靠某种算法来识别进出的应用层数据，这些算法通过已知合法数据包的模式来比较进出数据包。目前市场上流行的防火墙大多属于规则检查防火墙，因为该防火墙对用户透明，在 OSI 最高层上加密数据，不需要去修改客户端的程序，也不用对每个需要在防火墙上运行的服务额外增加代理。

未来的防火墙位于网络级防火墙和应用级防火墙之间，也就是说，网络级防火墙将变得更加智能地识别通过信息，而应用级防火墙在目前的功能上则向透明、智能方面发展。最终防火墙将成为一个快速注册稽查系统，可保护数据以加密方式通过，使所有组织可以放心地在结点间传送数据。

三、防火墙的功能

防火墙具有很好的保护作用，入侵者必须穿越防火墙的安全防线，才能接触目标电脑，我们甚至可以将防火墙配置成许多不同的保护级别。防火墙对流经它的网络通信进行扫描，从而过滤掉一些攻击，以免其在目标电脑上被执行；防火墙还可以关闭不使用的端口，禁止特定端口流出通信；它还可以禁止来自特殊站点的访问，从而防止来自不明入侵者的所有通信。

（一）访问控制功能

防火墙具有访问控制功能。通过防火墙的数据包内容设置：数据包过滤防火墙的过滤规则集由若干条规则组成，它涵盖了对所有出入防火墙的数据包的处理方法，对于没有明确定义的数据包，有一个默认的处理方法；过滤规则应易于理解，易于编辑修改；同时应具备一致的检测机制，防止冲突。IP 包过滤的依据主要是 IP 包头部信息如源地址和目的地址，如果 IP 头部中的协议字段表明封装协议为 1CMP、TCP 或 UDP，那么需要再根据 ICMP 头部信息（类型和代码值）、TCP 头部信息（源端口和目的端口）或 UDP 头部信息（源端口和目的端口）执行过滤，其他的还有 MAC 地址过滤。[①]

---

① 周宏博. 计算机网络 ［M］. 北京：北京理工大学出版社，2020：203.

（二）防御功能

防火墙的防御功能有病毒扫描和内容过滤。病毒扫描，即扫描电子邮件附件中的 DOC 和 ZIP 文件 FTP 中的下载或上传文件内容，以发现其中包含的危险信息。内容过滤，即防火墙在 HTTP、FTP、SMTP 等协议层，根据过滤条件对信息流进行控制。

防火墙控制的结果有允许通过、修改后允许通过、禁止通过、记录日志、报警等。过滤内容主要指 URL、HTTP 携带的信息，即 Java Applet、ActiveX 和电子邮件中的 To、From 域等。

能防御的 DOS 攻击类型是拒绝服务攻击（DOS），即攻击者过多占用共享资源导致服务器超载或系统资源耗尽，而使其他用户无法享有服务或没有资源可用。防火墙通过控制、检测与报警等机制，可在一定程度上防止或减轻 DOS 黑客攻击。

阻止 ActiveX、Java、Cookies 侵入属于 HTTP 的内容过滤，防火墙应该能够从 HTTP 页面剥离 Java Applet 等小程序及从 Script、PHP 和 ASP 等代码检测出危险代码或病毒，从而向浏览器用户报警。同时，能够过滤用户上传的 CGI、ASP 等程序，当发现危险代码时，向服务器报警。

（三）管理功能

通过集成策略集中管理多个防火墙，即对防火墙具有管理权限的管理员行为和防火墙运行状态的管理。管理员的行为主要包括通过防火墙的身份鉴别、编写防火墙的安全规则、配置防火墙的安全参数、查看防火墙的日志等。防火墙的管理一般分为本地管理、远程管理和集中管理等。

本地管理是指管理员通过防火墙的 Console 口或防火墙提供的键盘和显示器对防火墙进行配置管理。远程管理是指管理员通过以太网或防火墙提供的广域网接口对防火墙进行管理，管理的通信协议可以基于 FTP、TELNET、HTTP 等进行。支持带宽管理是指防火墙能够根据当前的流量动态调整某些客户端占用的带宽。

（四）记录和报表功能

防火墙对于符合条件的报文提供日志信息管理和存储方法。防火墙具有日志的自动分析和扫描功能，通过获得更详细的统计结果以达到事后分析、亡羊补牢的目的。提供自动报表和日志报告书写器是防火墙实现的一种输出方式，其提供自动报表和日志报告功能。提供简要报表（按照用户 ID 或 IP 地址）

也是防火墙实现功能的一种输出方式，即提供报表分类打印。防火墙还提供实时统计，一般是图表显示日志分析后所获得的智能统计结果。防火墙还提供警告机制，在检测到入侵网络以及设备运转异常情况时，通过警告来通知管理员采取必要的措施，包括 E-mail，呼机、手机等。

第二节　防火墙常用技术

一、包过滤技术

采用包过滤技术的防火墙被称为包过滤型防火墙，因为它工作在网络层，所以又叫网络级防火墙。它一般是通过检查单个包的地址、协议、端口等信息来决定是否允许此数据包通过。路由器便是一个"传统"的网络级防火墙。包过滤技术是在网络适当位置上对数据包实施有选择的过滤，选择的依据是系统内设置的过滤逻辑，被称为访问控制表（ACL）。通过检查数据流中每个数据包的源地址、目的地址、所用的端口号、协议状态等因素或它们的组合来确定是否允许该数据包通过。

（一）数据包的基本构造

一个文件要穿过网络必须分成小块，每一小块文件单独传输。把文件分成小块的做法主要是为了让多个系统共享网络，每个系统都可以发送文件块。在 IP 网络中，这些小块被称为包。所有的信息传输都是以包的方式来实施。

数据包是对网络消息完整体的一个称谓，这个完整体由两个部分组成，第一部分是包头，包头也叫作数据包的信息头，其中包含了源地址和目的地址，和这两点一同构成消息体的还有用来区分使用何种 IP 协议的消息类型。当前主流的三种 IP 消息类型包括以下三种：

（1）即 Internet 控制报文协议（ICMP），控制报文数据包的包头里所包含的是一个类型字段；

（2）传输控制协议（TCP），传输控制协议数据包的包头中包含的是源服务端口号和目的服务端口号；

（3）用户数据报协议（UDP），用户数据报协议与传输控制协议数据包的包头大致相同，也包含了源服务端口号和目的服务端口号。

（二）包过滤的工作原理

添加规则以过滤流经防火墙的数据包，是包过滤防火墙的工作原理采用包过滤技术的防火墙，通过在两个网络的连接点抓取数据包并进行过滤，这一过程中会对每个数据包中的源地址、目的地址、TCP 端口号等关键信息进行检查，然后根据设置的安全策略对数据包进行处理，将过滤后满足规则的数据包利用网络中传输数据包的有关链路传输到对应的内网中去，而那些过滤没有通过的包通过其他链路进行转发或者弃包等操作。

（三）包过滤规则

包过滤规则是以处理 IP 包头信息为基础，在设计包过滤规则时，一般先组织好包过滤规则，然后再进行具体设置。IP 包过滤规则集通常是一张表单。过滤器按照表单上特定顺序的排列规则集依次判定，直到能够做出某种行为时停止。包过滤规则包括与服务相关的过滤规则和与服务无关的过滤规则两种。

（1）与服务相关的过滤规则。与服务相关的过滤包过滤规则可根据特定的服务允许或拒绝流动的数据包。因为多数的网络服务程序都与已知的 TCP/UDP 端口相连。

（2）与服务无关的过滤规则。有些类型的黑客攻击很难使用基本的包头信息来识别，因为这几种攻击与服务无关。针对攻击的过滤规则很难制定，因为过滤规则需要附加某些信息，而这些信息只能通过检查路由表和特定的 IP 选项才能识别出来。

每个防火墙规则链都有一个默认策略和一组对特定消息类型相应的动作集。每个包依次在表中对每条规则进行检查，直到找到一个匹配。若包不匹配任何规则，则默认的策略就被应用到这个包上。一个防火墙有两种基本的策略方法：默认禁止一切，明确选择的包允许通过；默认接受一切，明确选择的包禁止通过。

二、代理服务技术

代理服务也称链路级网关（Circuit Level Gateways）或 TCP 通道（TCP Tunnels），它是针对数据包过滤和应用网关技术存在缺点而引入的防火墙技术，其特点是将所有跨越防火墙的网络通信链路分为两段。应用代理服务器主要工作在应用层，又被称为应用级防火墙，就是通常我们提到的应用级网关。代理服务器位于客户机与服务器之间，完全阻挡了二者间的数据交流，这一工作则由代理服务器承担。这种方式使内部网络与 Internet 不直接进行通信。它适用于特定的 Internet 服务，如 HTTP、FTP 等。代理服务器通常运行在两个网络之间，具有双重身份。对客户来说像是一台真的服务器，对于外界的服务器来说又像是客户机。

（一）代理服务技术的原理

代理服务技术通常被设置在网络应用层，代理接收互联网的服务请求，通过代替性连接的方式设立应用级网关，实现对用户操作行为和互联网环境的综合管理。[①] 网络用户需要通过代理体系获取互联网数据，在防火墙系统上运行代理服务器，通过网络传输阶段的客户程序分析进行信息筛选。代理服务技术能够自动识别网络协议，主要被应用到家庭小流量网络管控中。

代理服务技术能够将所有跨越防火墙的网络通信链路分为两段，使得网络内部的客户不直接与外部的服务器通信。防火墙内外计算机系统间应用层的连接由两个代理服务器之间的连接来实现。外部计算机的网络链路只能到达代理服务器，从而起到隔离防火墙内外计算机系统的作用。

代理型防火墙建立在与包过滤不同的安全概念基础之上。代理服务器并不是用一张简单的访问控制列表来说明哪些报文或会话可以通过，哪些不允许通过，而是运行一个接受连接的程序。在确认连接前，先要求用户输入口令，以进行严格的用户认证；然后，向用户提示所连接的主机。因此从某种意义上说，代理服务器比包过滤网关能提供更高的安全性，因为它能进行严格的用户认证，以确保所连接的对方是否正确。代理服务适合于进行日志记录，这是因为代理服务懂得优先协议，允许日志服务以一种特殊且有效的方式来进行记录。

（二）代理服务器的分类

现在流行的代理服务器主要分为应用层代理服务器、传输层代理服务器和系统调用代理服务器三种。

（1）应用层代理服务器：在应用层实现的代理服务器就相当于应用网关。工作在应用层的代理服务器主要有 Web 代理服务器、FTP 代理服务器等。对于每种特殊的应用层协议，代理服务器端都要进行特殊处理，这就使得代理服务器的结构非常复杂。

（2）传输层代理服务器：工作在传输层的代理服务器通过对数据包的转发来完成代理功能。其实质就是一条传输管道，代理服务器对传输层以上的内

---

① 潘娜，王兰. 基于防火墙的网络安全技术研究 [J]. 无线互联科技，2022（21）.

容不做任何处理就传送到事先设置好的服务器中。这种代理服务器主要有SMTP、ICQ等。这种代理服务器的灵活性很差，每改变一个服务器的地址就要重新设置代理服务器。

（3）系统调用代理服务器：通过更改系统调用的方式实现代理功能，如微软的 Winsock 代理服务器等。

（三）构造代理服务器防火墙

利用代理服务器构造防火墙时可采用以下手段：

（1）多层安全机制。可以在网络应用层、会话层和网络层设置多层的网络安全管理控制机制。除标准的 www、FTP、Gopher 等代理外，还可包括各种常用的定义和用户自定义的套接字代理。

（2）动态的数据分组过滤。在 IP 地址级设立安全网，屏蔽特定主机和子网的出入访问。

（3）访问追踪和报警。对于出入 Internet 的数据流量，代理服务器都有详细统计资料和缓存记录，管理员可随时掌握网络和代理服务器的运行状态。

（4）逆向代理。代理服务器可以把 Internet 访问转到具体的 Intranet 服务器上，如 www 服务器、邮件服务器等，从而隐藏 Intranet 的内部细节。

三、状态检测技术

（一）状态检测的原理

状态检测防火墙在网络层由一个检查引擎截获数据包并抽取与应用层状态有关的信息，以此作为依据决定对该数据包是接受还是拒绝。检查引擎维护动态的状态信息表并对后续的数据包进行检查。一旦发现任何连接的参数有意外变化，该连接就会被中止。

先进的状态检测防火墙读取、分析和利用了全面的网络通信信息和状态，包括：

（1）通信信息：防火墙的检测模块位于操作系统的内核，能在网络层之下对到达网关操作系统之前的数据包进行分析。防火墙先在低协议层上检查数据包是否满足安全策略，对于满足的数据包，再从更高协议层上进行分析。它验证数据的源地址、目的地址和端口号、协议类型、应用信息等多层的标志，因此具有更全面的安全性。①

（2）通信状态：简单的包过滤防火墙如果要允许 FTP 通过，就必须做出让步而打开许多端口，这样就降低了安全性。状态检测防火墙在状态表中保存以前的通信信息，记录从受保护网络发出的数据包的状态信息，例如 FTP 请求的服务器地址和端口、客户端地址和为满足此次 FTP 临时打开的端口，然后防火墙根据该表内容对返回受保护网络的数据包进行分析判断，只有响应受保护网络请求的数据包才被放行。

（3）应用状态：其他相关应用的信息。状态检测模块能够理解并学习各种协议和应用，支持各种最新的应用，它比代理服务器支持的协议和应用要多。并且，它能从应用程序中收集状态信息存入状态表中，以供其他应用或协议制定检测策略。

（4）操作信息：数据包中能执行逻辑或数学运算的信息。状态检测技术采用强大的面向对象的方法，基于通信信息、通信状态、应用状态等多方面因素，利用灵活的表达式形式，结合安全规则、应用识别知识、状态关联信息以及通信数据，构造更复杂、灵活、满足用户特定安全要求的策略规则。

（二）状态检测工作机制

无论何时，防火墙接收到初始化 TCP 连接的 SYN 包，都需要接受防火墙的规则库检查。该包在规则库里依次序比较。如果在检查了所有的规则后，该包都没有被接受，那么将拒绝该次连接。一个 RST 的数据包发送到远端的机器。如果该包被接受，那么本次会话被记录到状态检测表里，该表位于内核模式中。随后的数据包（没有带有一个 SYN 标志）就和该状态检测表的内容进行比较。如果会话在状态表内，而且该数据包是会话的一部分，则该数据包被接受；如果不是会话的一部分，则该数据包被丢弃。这种方式提高了系统的性能，因为每个数据包不是和规则库比较，而是和状态检测表相比较，只有在 SYN 的数据包到来时才和规则库比较。所有的数据包与状态检测表的比较都在内核模式下进行，所以速度很快。状态检测中主要环节的处理如下：

（1）建立状态检测表。建立状态检测表时，从最简单的角度出发，可以使用源地址、目的地址和端口号来区分会话。但如果使用 ACK 来建立防火墙的状态检测表会话，则是不正确的。如果一个包不在状态检测表中时，那么该包使用规则库来检查，而不考虑其他因素。如果规则库通过了这个数据包，则

---

① 郭文普，杨百龙，张海静. 通信网络安全与防护 [M]. 西安：西安电子科技大学出版社，2020：147.

本次对话将被添加至状态检测表中。所有后续的包都会和状态检测表比较而被通过。

（2）连接超时与关闭连接。在状态检测中，需要对所有连接进行超时处理，以免由于通信双方某一方异常而使得防火墙资源被无端浪费，同时可以避免恶意的拒绝服务攻击。

（3）UDP的连接维护。虽然UDP连接是无状态的，但是仍然可以用类似的方法来维护这些连接。当一个完成规则检查的数据包通过防火墙时，会话将被添加到状态检测表内，并设置一个时间溢出值，任何在这个时间值内返回的包都会被允许通过，当然它的SRC/DST的IP地址和SRC/DST的端口号必须匹配。

第三节　防火墙的管理与维护

一、防火墙的管理

（一）日常管理

日常管理是经常性的琐碎工作，除保持防火墙设备的清洁和安全外，还有以下三项工作需要经常去做。

1. 备份管理

这里备份指的是备份防火墙的所有内容，不仅包括作为主机和内部服务器使用的通用计算机，还包括路由器和专用计算机。[①] 路由器的重新配置一般比较麻烦，而路由器是否正确配置则直接影响系统的安全。用户的通用计算机系统可设置定期自动备份系统，专用机（如路由器等）一般不设置自动备份，而是尽量对其进行手工备份，在每次配置改动前后都要进行备份，可利用TFTP或其他方法，一般不要使路由器完全依赖于另一台主机。

2. 账户管理

增加新用户、删除旧用户、修改密码等工作也是经常性的工作，不能忽视其重要性。尽管在防火墙系统中用户不多，但每位用户都是一个潜在的危险，因此做些努力保证每次都正确地设置用户是值得的。人们有时会忽视使用步

---

① 邵云蛟. 计算机信息与网络安全技术［M］. 南京：河海大学出版社，2020：57.

骤，或者在处理过程中暂停几天。如果这个漏洞碰巧泄露没有密码的账户，就很容易被入侵。保证用户的账户创建程序能够标记账户日期，而且使账户在每几个月内自动接受检查。用户不需要自动关闭它，但是系统需要自动通知用户账户已经超时。

如果用户系统上的密码重置需要用户在登录时更改自己的账户密码，则应有一个密码程序强制使用强密码。如果用户不做这些工作，就会在重要关头选择简单的密码。总之，一般简单地定期向用户发出通知是很有效的，而且简单易行。

3. 磁盘空间管理

即使用户不多，数据也会经常占满磁盘可用空间。人们把各种数据转存到文件系统的临时空间中，并且会其在那里建立文件，这会造成许多意想不到的问题：不但占用磁盘空间，而且这种随机碎片很容易造成混乱。用户可能搞不清楚这是最后装入新版本的程序，还是入侵者故意造成的；是随机数据文件，还是入侵者的文件？在多数防火墙系统中，主要的磁盘空间问题会被日志文件记录下来。当用户试图截断或移走日志文件时，系统应自动停止程序运行或使它们挂起。

(二) 系统监控

防火墙维护中的另一个重要作用是系统监控。系统监控包括以下几项内容：防火墙是否被损坏？哪些类型的侵入试图突破防火墙？防火墙工作是否正常？防火墙能否提供用户所需的服务？

1. 专用监控设备

监控需要使用防火墙提供的工具和日志，同时也需要一些专用监控设备。例如，可能需要把监控站放在周边网络上，只有这样才能监视用户所期望的包通过。

那么如何确定监控站不被入侵者干扰呢？事实上，最好不要让入侵者发现监控者的存在。管理员可以在网络接口上断开传输，于是这台机器对于侵袭者来说难以探测和使用。在大多数情况之下，管理员应特别仔细地配置机器，像对待堡垒主机一样对待它，使它既简单又安全。

2. 监控的内容

理想的情况是，管理员可能想知道穿过自己防火墙的所有内容，即每个抛弃和接收的数据包、请求连接。但实际上，不论是防火墙系统还是管理员都无法处理那么多的信息，管理员必须打开冗长的日志文件，再把生成的日志整理好。在特殊情况下，管理员要用日志记录以下几种情况。

（1）所有抛弃的包被拒绝的连接和尝试。

（2）每个成功连接通过主机的时间、协议和用户名。

（3）所有从路由器中发现的错误、主机和一些代理程序。

3. 对试探做出响应

管理员有时会发觉外界对防火墙所进行的明显试探，如数据包发送系统没有向 Internet 提供服务，企图登录不存在的账户等。试探通常进行一两次，一般如果试探没有得到令人感兴趣的反应，就会放弃。如果管理员想弄明白试探来自何方，可能就要花大量时间追寻类似的事件，并且在大多数情况下，不会有成效。如果管理员确定试探来自某个站点，则可以与那个站点的管理层联系，告知他们知道发生了什么事情。通常，人们无须对试探做出积极响应。

对于试探和全面侵袭，不同的人有不同的观点。多数人认为只要不继续下去就只是试探。例如，尝试每个可能的字母排列来解开用户的根密码是不可能成功的。这可以被认为是无须理睬的试探，但是如果有时间和精力，那么就需要去说服有此企图的人。

二、防火墙的维护

（一）重要预警信息的检查

（1）连接数。连接数是一项关键信息，连接数超出正常使用范畴 80% 以上，就要考虑系统设备硬件与系统容量的关系因素，否则会导致系统容量对办公作业造成不利影响。

（2）核心处理器（CPU）。CPU 能从存储器或高速缓冲存储器中释放操作指令，并将这一指令暂时存储到寄存器中。CPU 占用率过高会对这一执行过程造成影响，进而影响机器作业效率，但其正常运作时的占用率异常升高，很有可能与攻击因素有关，因此通过设置必要的系统参数，可以有效防止恶意攻击手段的后台执行。

（3）内存。内存占用率同样重要，内存占用率超过 90%，可以查看系统连接数这项关键信息的具体情况如何，具体配套执行可通过系统实时监控的自检网络功效查看是否有外来攻击因素和异常流量产生与否。

（二）检查与防火墙相关的重要资源

当系统办公作业使用高峰阶段应当明确、针对地检查与防火墙相关的重要资源信息（CPU、连接数、内存及流量占用率），进而才能判断网络办公作业业务的情况是否在系统正常的允许范畴内，为未来确立网络正常运作业务时所需的参考性比重及依据；当连接数量超过平常基准指标 20%时，须通过实时监控检查当前网络是否存在异常流量。当 CPU 占用超过平常基准指标 20%时，需查看异常流量、定位异常主机、安全策略是否优化。

（三）日常维护建议

（1）配置管理 IP 地址，指定专用终端管理防火墙。

（2）更改默认账号和口令；严格按照实际使用需求开放防火墙相应的管理权限；设置两级管理员账号并定期变更口令；仅容许使用 SSH 和 SSL 方式登录的防火墙进行管理维护。

（3）在日常维护中建立防火墙资源使用参考基线，为判断网络异常提供参考依据。

（4）重视并了解防火墙产生的每一个故障警告信息，在第一时间修复故障隐患。

（5）建立设备运行档案，为配置变更、事件处理提供完整的维护记录，定期评估配置、策略和路由是否优化。

（6）故障设想和故障处理演练：日常维护工作中需考虑网络各环节可能出现的问题和应对措施。

（四）安全维护策略的配置

防火墙安全策略的设立是保障网络安全所必要开展的工作内容及任务，安全策略实施方向是否正确势必会对系统设备性能带来一定影响。考虑到当前企业、政府机构、科研机构等诸多组织机构的工作业务种类、类型及作业内容的繁重程度，笔者建议在安全策略设立这一块的实施计划要尽量确保设置效率的重要性，进而才能有效控制维护难度、提升可读性。常规而言，具体做法为：其一，系统防火墙要按照由上至下的顺序搜索安全策略是否能够与策略表本身相匹配；其二，在策略设置中的记录日志（Log）选项处开展正当、规范地排错、记录等必要工作；其三，策略表要保证尽可能在不影响安全策略的情况下简化设置，进而才能便于高效、快速匹配；其四，安全策略的实施要限定为单方访问控制，保证访问管理主动性；其五，策略在规划完成后还要考虑变更时应做好的注解及策略更新工作。

第四节　防火墙技术的应用探索

一、探索计算机网络安全中防火墙技术的具体应用

（一）加密技术

防火墙加密技术的存在可以提高计算机安全网络使用过程中的安全系数，因此防火墙加密技术目前已经被广泛应用到了计算机网络中。加密技术的主要理论就是用户在使用计算机网络前需要进行登录，在这一过程中计算机系统会向用户索取登录密码，只有在经过了密码验证后用户才可以使用计算机，用户输入正确的密码以后才可以进入网络系统当中，而密码错误的话防火墙加密技术就会立刻关闭登录通道，并且将预警信息发送给原始登录用户，确保用户的个人信息以及经济利益不会受到损失。除此之外，用户还可以借助防火墙加密技术对数据信息进行加密处理，避免数据信息在传输过程中出现遗失或错误等问题。

（二）修复技术

防火墙修复技术可以帮助网络用户对外界信息进行拦截处理，并将其中的垃圾信息删除，确保计算机网络系统的内部存储空间足够使用，不会对计算机的正常运行造成影响。[①] 因为随着信息技术的广泛使用，互联网环境中用户的数量越来越多，而且不同的用户所使用的登录地址也有所不同，如果不能有效运用防火墙修复技术就会导致用户个人信息泄露或者出现病毒感染问题，造成严重的经济损失。而防火墙修复技术的存在可以及时发现不明登录 IP，进一步提高计算机网络系统的安全系数，建立起完善的网络监控管理模式，对所在地区的各个 IP 登录进行监控，确保用户的个人信息不会泄露，更好地帮助网络治安管理人员进行工作，降低相关工作人员的工作压力。例如有人通过一些大型的网络平台如微博、贴吧等等散布不良谣言时，网络治安管理人员就可以利用防火墙修复技术及时清除谣言，建立舆情监测预警机制，避免造成严重舆论问题，构建和谐稳定社会。

---

① 王文霞. 计算机网络安全中防火墙技术的应用探索［J］. 网络安全技术与应用，2022（6）.

（三）防护技术

防火墙防护技术的存在可以有效清除网络系统中的网络病毒，确保网络数据信息传递过程的安全稳定，大幅降低网络病毒的发生概率。比如有一位工作人员在工作过程中突然需要在网上查找企业内部的相关文件时，因为防火墙防护一直处于开启状态，所以整个查找过程中不会因为浏览外界网络而导致将一些网络病毒混入企业网络系统中，防火墙防护技术可以及时对木马进行杀毒处理，避免网络病毒对企业造成严重的经济损失。除此之外防火墙防控技术并不会因为自身处于开启状态就给用户的日常使用操作造成一定的影响，恰恰相反，运用防控技术还可以为用户提供舒适的使用服务，比如说网络代理服务器就是现如今对防火墙防控技术的一种创新应用。与传统防控技术不同的是，网络代理不仅具备一定的防护能力，同时还可以建立虚拟网络 IP 地址，因为目前计算机网络中如果想要对外输出数据信息就必须携带 IP 信息等等，而在传输过程中黑客就可以对用户的 IP 信息地址等等进行入侵，进而将一些网络病毒或者木马输入数据流中，导致不明数据在内网中造成严重的破坏，不利于我国稳定和谐的社会环境构建，甚至还会泄露一些国家机密信息。因此以防火墙防控技术为基础建立的网络代理服务器可以为用户构造一个虚拟网络 IP 信息，用于保护真正的 IP 地址，从而达到网络安全防护目的。网络代理还可以将黑客入侵破解虚拟 IP 信息这一行为及时地发送到给用户，让用户有足够的时间暂停数据信息输出操作，避免造成经济损失。

（四）协议技术

防火墙协议技术也是一项十分有用的技术，通过运用防火墙协议技术可以进一步规范目前我国网络中的信息传输行为，确保网络数据信息传输过程中的平等与安全，避免造成经济损失。比如当有一位工作人员因为工作要求需要从互联网中下载文件包，而在数据下载过程中因为防火墙协议技术的设定导致每次信息传递的字节数只能控制在 100 个以下，就可以有效避免网络病毒信息的渗入，因为如果文件包中存在网络病毒就会导致下载字节数超过固定传输字节数，然后防火墙协议技术就会主动终止数据信息传递操作，及时将外界数据信息隔绝在计算机网络系统外，避免因为网络病毒造成经济损失。因此网络安全治理人员以及网络用户都需要意识到防火墙协议技术的重要性，充分利用协议技术通过控制字节数传输降低病毒危害的发生概率，让网络安全工作顺利进行。

二、防火墙技术在校园网环境中的应用

（一）部署防火墙

部署防火墙主要是将防火墙技术置于保护网络资源的前方，让防火墙技术能够发挥抵御病毒、防止病毒侵害的作用，为使用者提供网络实时监控和管理。

（二）选择工作模式

防火墙技术中的工作模式分为路由模式、透明模式和混合模式。若其他设备已经完成配置，使用者通过防火墙-路由器访问互联网，防火墙需要设置相应的 NAT 规则，将工作模式改为路由模式；若设备配置完成，使用者通过路由器-防火墙-路由器访问互联网，那么防火墙则会设置为透明模式，并且其安全规则改为包过滤规则。[①] 用户应该根据校园网的实际情况、结构、使用需求选择合适的模式进行连接。

（三）访问控制策略

DMZ 是解决安装防火墙之后用户无法访问内部网络服务器的问题而设立的缓冲区域，使校园网络之外的用户在外网情况下也能访问内网资源。配置 NAT 是通过一对一或一对多的形式将内网地址与外网地址进行转换，不仅能够解决外网地址不足的问题，也能够隐藏真实 IP 地址，对网络访问起到安全防护作用。攻击检测与防护能够抵挡外网漏洞扫描、木马攻击、恶意代码植入等攻击，以分析、识别、统计、流量异常监视等手段判断是否具有入侵行为，及时发现并及时阻止入侵行为。网络访问控制是使用终端进行端口过滤、过滤审计、URL 拦截和 Ddos 攻击等，长时间结合时间对象、区域对象、服务对象等进行全方位的掌控和监护。应用层控制是针对网络、邮件或其他应用对应用内容进行分析，筛除垃圾邮件，并针对具体应用和识别控制采取病毒防护和入侵防护措施。病毒防护是通过防火墙技术的相应配置，依托病毒特征建立病毒特征库，达到隔离病毒、预防病毒入侵的目的。安全报警是当设备本身出现故障或者安全事故时发出警报，以便于管理员及时处理。身份认证预授权是将防火墙技术作为认证服务器，为用户提供认证服务并与第三方认证服务器通力协作，完成动态口令、证书等用户认证功能，结合其他访问控制策略，达到对使

---

① 石峰. 校园网环境中 ARP 防火墙技术的应用 ［J］. 无线互联科技，2022（4）.

用终端的网络行为实时管控的目的；流量控制是在网络资源受限的情况下，各类应用抢占网络带宽时通过技术手段保证网络的服务质量，针对校园网应用情况可以采用部署 QOS 策略。

三、企业网络安全中防火墙技术的应用要点

（一）对访问形式进行科学的配置

在应用计算机设备的过程中，要想保证操作形式更加安全，需要对访问形式进行科学的配置，这也是防火墙技术应用中非常重要的一项内容，可以提高信息数据传输的安全性和稳定性。一般情况下运营商首先要对计算机设备进行全面了解，并且对功能进行科学划分，其次通过详细的说明和指令的配置，提高访问策略的科学性，使得计算机设备在运行时更加高效。在进行防火墙技术配置的过程中，可以提高计算机网络运行的安全系数。运营商要对计算机设备的内部应用和外部环境进行全面分析，并且明确企业的原始地址，设置 TCP 端口和 UDP 端口以及 IP 地址，严格按照设置顺序对防火墙进行科学的配置。如果在进行防火墙技术应用时想提高配置的安全性，需要根据计算机网络的类型，对信息数据进行有效分析，并且做好分类工作。要对不同类型的信息数据进行科学储存，并且根据不同部门的建设要求以及应用的设置需求，采取针对性的防护措施。

（二）加强网络日志的监控

现阶段，部分计算机用户在计算网络应用期间，会习惯使用防火墙防护的记录来解析储存在电脑内的资料，确保使用者能够获得较多的信息。因此，为了提高计算机的安全性能，必须加强对网络记录能力的监测。当使用防火墙技术进行日志解析时，使用者无须担心任何影响，也无须担心整个过程的烦琐，只需专注于最重要的部分即可。在日常电脑网络的安全保护过程中，由于需要进行较多的工作，因此在保护过程中会产生许多工作记录。在监测系统的运行中，必须根据当前的实际情况，对不同类型的数据进行适当的分割，使数据收集更为方便，同时也能完全杜绝恶意入侵行为，确保网络的安全性。另外，准确录入防火墙的警告，加强对其的管理，使企业对防火墙的性能有进一步的认识，了解电脑的网络安全性，提高对网络的有效防护。

（三）定时更新病毒库

对联网的计算机来说，计算机中不但存在着大量的数据和信息，而且和不

联网的计算机相比也很容易遭受各种类型病毒的入侵，这会严重威胁用户的个人财产数据及信息。另外在企业中，当一台计算机受到病毒的入侵后，很可能会导致整个企业的计算机和网络安全都遭受病毒的入侵，严重的可能会造成网络瘫痪等，进而影响企业的正常运行。虽然防火墙可以对一些病毒起到一定的防护作用，但是由于病毒更新换代的速度较快，致使防火墙不能完全地防护网络病毒。所以，防火墙技术要定期更新病毒库，以提高计算机网络安全性。

第九章　云计算技术应用研究

在当今大数据的时代背景下，云计算技术在信息存储、传输、处理、分析方面表现出巨大的优势，越来越多的行业和机构选择将服务部署到"云"上。云计算是在传统技术（分布式计算、并行计算、网格计算等）的基础上逐渐延伸发展出来的一种新型计算模式，它具有虚拟化、超大规模、高可伸缩性、通用性、高可靠性、极其廉价和按需服务等优点，这使得云计算概念自提出以来就受到各个领域的广泛重视。目前，随着云计算技术相关产品、解决方案的不断成熟，结合云计算理念的迅速推广普及，云计算技术已经在各个领域得到广泛的应用。本章将简要介绍云计算技术的有关内容。

第一节　云计算基础

一、云计算的定义

人们对于云计算的认识，仍在持续的变化之中，从不同的角度出发，对云计算的理解会有些许偏差。但云计算最基本的概念是相通的，为了便于理解，我们可以把它拆分成 3 个步骤：（1）通过网络将大量需要处理的程序自动地拆分成无数个较小的子程序。（2）交由多部服务器组成庞大的系统搜寻分析。（3）将分析的结果回传给用户。这样处理能使用户按照需要获取计算力、存储空间和信息服务等，并且能提高资源的利用率。①

---

① 李曼曼. 云计算发展现状及趋势研究［J］. 无线互联科技，2018（5）.

二、云计算的特点

从目前的研究现状看，云计算系统具有以下几个外部特征。（1）超大规模。云计算具有相当大的规模，大型互联网企业能拥有几十万台服务器，全球最大的搜索引擎谷歌公司甚至拥有一百多万台服务器，云计算能让客户拥有前所未有的计算能力。（2）虚拟化。云计算虚拟化是指应用在云中某处运行，但用户无须了解，只需要一部终端就可以通过网络服务实现需要的一切。（3）按需服务。云计算是一个庞大的资源池，用户可以按需购买，云计算可以像自来水、电、煤气这些生活用品一样按需计费。（4）可伸缩性。云计算的规模可以动态伸缩，在一定限度内变动，以适应应用和用户规模增长的变化。（5）服务可度量。云计算资源的优化和控制能力都具备可度量的特征。

三、云计算的发展现状

虽然世界云计算正在蓬勃发展，但是比如安全问题等关键技术还需不断完善，产品和服务还要持续创新，全球云计算市场规模正在不断扩大。在全世界云计算地区分布上，美国和欧洲发达国家占据了全球云服务市场份额的2/3。

（一）国外云计算的发展现状

美国是云计算概念的发源地，早在2003年，美国就已经对云计算技术开展研发工作。美国具有全世界领先的互联网企业，如微软、IBM、谷歌、亚马逊、甲骨文等，这些云服务企业用户数均已达十万级别，占领了全球大部分云服务市场。云服务既可降低互联网创业初期的成本，还可以帮助这些初创企业形成可持续的创新商业模式，在很大程度上也有利于企业控制运营风险。近几年，在看到云计算会给企业带来很大发展机遇、给用户提供更便捷的服务、能够带来巨大经济社会效益的潜力之后，各国都非常重视推动云计算的发展，纷纷出台相关政策鼓励并且规范云计算的发展，甚至政府带头应用云服务。作为占领全球第二大云服务市场的欧盟，在推动云计算发展时致力于建设规范的云计算标准，移除欧盟成员国彼此之间在数据保护、信息安全上的政策阻碍，打造真正的共同体，驱动云计算的创新和增长。

日本也高度重视信息技术的发展，相继拟定多项信息发展战略，推动信息技术的应用普及。日本本身的互联网产业一直处在世界前列，IT发展程度仅次于美国，国民经济对互联网产业依赖程度很高，所以日本主要采用政策引导，政府投资和个人资本相互结合的方法推动云计算的发展。目前，日本的中央直属机关、医疗、教育等传统行业都在应用云计算。但遗憾的是日本目前并没有处于领先地位的云计算服务企业。

（二）国内云计算的发展现状

近年来，我国政府高度重视云计算产业的发展和应用，发布一系列政策鼓励规范云计算的发展。2012 年 9 月，科技部发布的《中国云科技发展"十二五"专项规划》对于我国云计算的发展具有十分重要的意义，大大提高了用户和企业对云计算的认可度。虽然我国政府部门注重为云计算发展创造良好的政策环境，出台了关于促进云计算创业发展、大数据发展的行动纲领等一系列的政策文件，但是我国依然存在信息安全法律法规不完善，数据保护法缺失、并且网速慢、IP 地址匮乏等问题。云计算发展环境较为落后，制约了整个云计算技术的发展速度。

我国云计算比较有代表性的企业和项目有阿里巴巴的阿里云、百度推出的云 OS、浪潮的云海 OSV3.0、中国电信的天翼云以及华为的 Fusion Cloud 云战略等，这些企业大力进行云计算相关项目的研发，为我国云计算的进一步发展提供了非常有力的支撑。当前，我国政府、交通、电信、教育等领域都紧跟世界脚步，在信息化建设过程中实践云计算，通过云服务试点示范带动我国云计算产业发展。

四、云计算体系架构

云计算通过把一系列服务集合起来按照客户需要提供相应的资源。按照现今对于云计算的应用与研究，可以把云计算的体系架构分为三层模式。

（一）核心服务层

就一般情况而言，核心服务层具有三个子层，分别是平台即服务层、软件即服务层以及基础设施即服务层。基础设施即服务层主要负责提供硬件基础设施相关的部署服务，根据不同用户的实际需求提供虚拟或实体的网络、储存、计算等相关资源。用户在实际使用基础设施即服务层过程中，需将基础设施相应的配置信息提交给 IaaS 层的提供商，同时包含基础设施运行的程序代码及其他数据。就基础设施即服务层而言，数据中心是基础，优化及管理问题是该部分的研究重点。随着云计算研究不断深入，IaaS 层应用了虚拟化技术，以进一步提高硬件资源分配的科学性，同时为用户提供规模可扩展、可靠性更高的优质服务。平台即服务层是指应用程序的具体运行环境，主要负责相关管理服务及程序部署服务的提供。借助平台即服务层的开发语言和相应的软件工具，应用程序开发者通过上传具体数据和程序代码即可获得相应的服务，可以有效避免底层操作系统、存储以及网络的管理问题。软件即服务层是一种在云计算基础平台基础上开发的应用程序，主要用于解决企业的信息化问题。

（二）服务管理层

这一层提供核心服务层足够的技术支持，保障核心服务能够安全、可靠地应用。在服务管理过程中，云计算的平台本身运作的复杂结构及其具有的超大平台规模等困难，难以在各个层面上都能满足客户的所有精确需要，因此要在服务管理过程中，根据供应商提供的服务，制订出具体的服务质量需求协议，当与协议出现分歧时，或达不到协议要求的质量状态，用户将按协议得到相应的补偿。

（三）用户访问接口层

第三层为用户访问接口层，这一层面可以实现用户端到云计算的访问。web 门户和命令是可以在网络端设备实现访问数据及程序，同时可以实现不同形式服务的组合。

五、云计算的关键技术

提供个性化服务是云计算的目标，注重低成本的开发及应用，实现可订制服务。为了实现这个个性化的目标，需要若干关键技术加以支持。

（一）数据中心的相关技术

云计算数据中心的相关研究工作主要从以下两个方面展开，一个是为了提高产业效能比，减少环境污染，迫切需要有效的绿色节能产品及技术；还有一个是通过大规模计算节点来实现低成本、高可靠、高宽带的方式，需要研究新型数据中心网络拓扑。[①]

（二）虚拟化技术

虚拟化技术现今有两种典型的代表技术，一个就是虚拟机在线迁移技术，实现有效的订制资源及资源共享，另一个就是虚拟机部署技术，在云计算的服务过程中，实现有效的弹性服务，按照数据中心的实际需要与工作要求，进行合理化应用，按需服务。

---

① 张晓海，王蔚. 基于云计算的体系架构与关键技术［J］. 品牌研究，2020（30）.

（三）典型的 IaaS 层平台

有三种典型的 IaaS 层平台，分别是东南大学云计算平台、亚马孙弹性计算云 EC2 以及加州大学圣巴巴拉分校开发的开源平台。不同的平台都有自己的特点，可以承担数据分析处理、用户定义弹性规则等科学计算任务。

（四）海量数据存储与处理技术

在云计算海量数据存储过程中，要考虑两方面的指标，一个是存储系统的输入/输出性能，另一个就是实现还原储备资源，以达到资源文件的可靠度，并实现资源应用的实用性。针对这个指标要求，数据处理专家学者需不断地研究数据存储技术，实现技术创新及突破，针对系统的问题，设计简化数据模型，在一致性模型及多样化模型方面下功夫，满足指标要求，提高数据存储与处理技术的性能。同时加强研发分析数据的功能开发，实现云计算的有效编程处理，开发编程模型技术。

第二节 云计算基本技术基础

一、云计算中的虚拟化技术

（一）虚拟化技术的由来

随着计算机技术的快速进步，当前计算机的计算能力也有着较为明显的提升，与此同时，人们对计算机的应用能力尤其是适用性的要求也越来越高，传统计算机往往只能运行一个计算机操作系统，只可以为应用提供单一的运行环境，这就使传统计算机一般只能运行一个应用，在开启更多应用时会彼此产生冲突而出现问题。而虚拟化技术可以更好地满足人们的需求，借助计算机性能的提升和虚拟化技术的应用，用户可以在同一台计算机中同时运行多种不同的系统，能够给予应用多个运行环境，从而使得多个应用可以同时运行而不会产生冲突。需要注意的是，虚拟化技术可以帮助连接多个计算机终端，使彼此之间的数据可以得到汇总和实时传输共享，充分提高信息资源的利用效率。目前来看，云计算与虚拟化技术的结合还存在许多不完善的地方，但毫无疑问的是，未来随着计算机综合性能的不断更新换代，这些问题都能得到妥善解决。

（二）虚拟化技术分类

在计算机系统中，从底层至高层依次可分为硬件层、操作系统层、函数库层、应用程序层，虚拟化可发生在上述四层中的任一层，基于不同的抽象层次，可以将虚拟化技术分为硬件抽象层虚拟化、操作系统层虚拟化、库函数层虚拟化和编程语言层虚拟化。

硬件抽象层虚拟化主要是基于虚拟硬件抽象层来创建虚拟机，将与物理机相同或相近的硬件抽象层展现在客户机操作系统中。该层虚拟化技术能够将一台物理计算机虚拟出一台或多台虚拟计算机，不同虚拟机有各自配套的虚拟硬件，从而具备独立的虚拟机执行环境，各自可安装不同的操作系统，因此又称为系统级虚拟化。按照实现方法的不同，系统级虚拟化又主要分为仿真、完全虚拟化和类虚拟化等三种不同的实现方案；按照实现结构，还可以将当前系统级虚拟化中的主流虚拟化技术分为 Hypervisor 模型、宿主模型和混合模型。

操作系统层虚拟化主要是指操作系统内核能够提供多个互相隔离的用户态实例，对于用户而言，这些用户态实例能够被看作是真实计算机，其具有自身独立的网络、文件系统、库函数以及系统设置。操作系统层虚拟化具备高效性的特点，其性能开销和虚拟化资源开销非常小，且不需要硬件的特殊支持。且灵活性相对较小，表现为不同容器中操作系统必须为同一种操作系统。典型的应用是目前最主流的容器系统 Docker，相对于笨重的系统级虚拟化，轻量级的 Docker 技术具备诸多优点。一是可以更高效地使用系统资源，由于容器不需要进行硬件虚拟以及运行完整操作系统等额外开销，一台同样配置的宿主机，可以运行更多数量的容器应用；二是具有更快速的启动时间，由于容器直接运行于宿主内核，无须启动完整的操作系统，因此可以做到秒级甚至毫秒级启动。

库函数层虚拟化主要是通过虚拟化操作系统的应用级库函数的服务接口，使得应用程序在无须修改的情况下，实现与不同操作系统的无缝对接运行，从而提高系统间的互操作性。典型应用是在 Ubuntu 系统中，利用 Wine 等工具在 Linux 中模拟 Windows 的库函数接口，就可以使 Windows 中的微信、QQ 等应用程序正常在 Linux 上运行。

编程语言层虚拟化是一个进程级的作业，且这些程序所针对的是一个虚拟体系结构，程序代码被编译为针对该虚拟体系结构的中间代码，再由虚拟机的运行时支持系统翻译为硬件的机器语言进行执行。我们熟知的 JVM（Java Virtual Machine）就是这类虚拟机的典型应用。

（三）云计算中虚拟化技术应用场景

1. 网络的虚拟化

云计算中的虚拟技术包括对网络的虚拟化处理，通过将网络进行虚拟化，可以为用户提供虚拟局域网和专用网两个单独运行的网络环境。在目前的信息处理过程中，由于所需处理的网络信息太过庞大，因此需要将分散的用户信息集中起来，网络虚拟化技术可以将多个局域网集中在统一的网络服务器之上，使得所有经过局域网进行传输的信息都可以在同一个网络服务器中进行查阅和管理。

2. 存储的虚拟化

大量的信息上传和存储需要更多的存储空间来进行支持。随着物联网时代的到来，各种信数据呈爆炸式指数级增长，对现有硬件设备的存储提出了越来越高的要求。单纯依赖硬件存储已经变得不现实，因此也需要对存储进行虚拟化。利用存储的虚拟化技术，可以在主机的硬件存储空间之外单独再开拓出容量巨大的云存储空间，用户可以上传和储存多种类型的信息，解决不同信息与存储设备之间存在的不兼容问题，也可以为用户节省大量的硬件购置成本。同时，还能大大提高信息数据的安全性。一般来讲，将信息储存在硬件设施当中，如果出现意外断电等状况，很容易导致存储区域出现异常而导致信息丢失，这对于用户来说必然是巨大损失，而云空间则不受这些因素的影响，即便因为用户的错误操作导致信息丢失，也能够通过云平台中的文件恢复技术机制进行找回，减少因操作失误而导致的损失。①

3. 计算机应用程序的虚拟化

在以往的应用程序运行环境当中，由于操作系统需要将有限的资源分配给多个主机，剩下的性能在处理多个具备同样信息的应用时容易出现严重的冲突问题，严重时会导致系统崩溃，数据大量丢失。因此，有必要对计算机应用程序进行虚拟化处理，所谓的计算机应用程序的虚拟化，就是在操作系统和信息文件之外单独建立一个封闭的运行环境，从而在运行具有同样信息的应用时，用户可以将其分开在两个系统当中，确保彼此之间不会出现冲突。

4. 虚拟化技术的安全性考虑

虽然虚拟化技术能够帮助人们脱离硬件设施的限制而单独构建专门的云空间来储存信息，但需要注意的是，由于信息都储存在网络空间中，因此在技术手段允许的情况下，不法分子可以通过有组织的网络攻击来破坏原有的安全协

---

① 唐孝国. 云计算中虚拟化技术的应用 [J]. 信息记录材料，2021（4）.

议，导致系统被破坏以后大量的信息被泄漏和窃取，使用户蒙受巨额损失。因此，在使用虚拟化技术保存信息的同时，也要注重构建专门的信息保护系统。云计算信息管理中心应当根据自身条件建立专门的安全人才队伍，负责对主机以及主机内的信息进行定期常态化的检查和维护，确保计算机不会因为使用年限的延长而出现问题。除此之外，也要投入人力和物力来建立专门的网络安全防火墙，将目前已知的主流网络攻击手段进行备案，制定出完善的预防预警方案，在遭受网络攻击时能够第一时间采取应对措施，不会陷入束手无策的地步。当然，也要定期对硬件设施进行维护和更换，对操作系统进行更新换代，对操作人员进行专业化培训。

二、云计算环境下的分布式存储技术

（一）云计算环境下的分布式存储关键技术

1. 数据容错技术

数据容错技术是云计算环境下分布式存储关键技术的核心，数据量越大，管理数据的难度也就越高，出现错误的风险会更大。为了保证云计算模型的可靠性，需要提升数据容错率。数据容错技术目前的应用主要是以基于复制的容错技术和基于纠删码的容错技术为主，基于纠删码的数据容错技术在应用过程中需要投入较高的成本，经济性不足，基于复制的容错技术则是通过多创建几个副本的方式来提高数据容错率，保证云计算模型的可靠性效果。即使其中的副本失效，也可以利用剩下的数据信息分析数据，实现数据容错的目的。此外，基于纠删码的容错技术是以复制容错技术为基础，对数据进行复制编码，为纠错提供依据，有效提高数据容错率，防范数据丢失和被破坏。数据容错技术作为关键的技术核心，是分布式存储技术实现技术应用目标的关键，应进行对数据的进一步研究，发挥出技术应用的功能，逐渐改善缺陷问题，实现数据容错技术的创新目标。

2. 可扩展性技术

在云计算的环境下，可扩展性技术是分布式存储关键技术实现技术应用目标的重要构成部分。云计算的最终目的就是在云计算模型的应用下使用数据，提高数据的利用率，增强数据的运算效率。可扩展性技术的作用就是要在云计算模型中留出一部分磁盘空间以备不时之需，同时不断扩大云计算模型内部的存储空间，用于存储更多的数据。① 利用可扩展性技术加强对云计算环境下分

---

① 李浩，樊鹏华. 关于云计算环境下的分布式存储关键技术分析［J］. 电子世界，2019（20）.

布式存储关键技术的创新应用，是云计算模型稳定运行、增强性能的基础条件。利用可扩展性技术将云计算模型中的一部分磁盘空间预留下来，扩大云计算模型的内部存储空间，以提高数据的存储量。云计算的规模较大，有几万甚至几十万个服务节点。在利用可扩展性技术时，要保证云计算模型的内部有多余的空间，提高数据管理水平。值得注意的是，磁盘内存在的多余空间不是最开始就设定好的，这部分磁盘内的多余空间随着云计算的持续完善被投入使用。为了提高云计算的存储空间，利用可扩展性技术已成为必要的技术手段。要将可扩展技术的功能优势发挥出来，提高云计算的发展水平，发挥云计算模型的功能，在可扩展的实践研究中，利用数据、管理数据、提高数据的应用率。

（二）云计算中分布式存储数据安全保护的技术

1. 基于门限加密的分布式存储数据安全协议设计

基于门限加密的分布式存储数据安全协议是一种云存储系统的协议，一般通过数据存储服务器和密钥存储服务器组成，数据存储服务器主要是用户存储加密后的信息资料的数据，而密钥存储服务器则是用户存储私钥的密钥信息数据。基于门限加密分布存储数据安全协议的方案中用户所需要的设计的密钥是通过用户独立保存的秘密参数和被分割成很多分储存在密钥存储服务器中的ssk 中，所以解密过程也要分开进行。这一套协议可以有效防止对数据服务器或密钥服务器单独的恶性攻击，或者防止攻击者恢复在第一次获取密钥后所截取的信息，或者预防攻击者获取用户权限并试图截取信息。基于门限加密的分布式存储数据的安全协议方案中需要对以下 3 个模块进行设计，即系统设置、数据存储和恢复。系统设置中需要为系统的公共参数和用户设置一对加密的公钥和私钥。

2. 基于云计算分布式存储的完整验证协议设计

基于云计算分布式存储的完整验证协议是建立在对用户具备诚实性、在整个隐私安全技术运行体系中的利益损失方和服务器供应商诚信经营的假设中设计的协议方案。在完整验证协议的设计中需要考虑用户因本身存储空间、管理和计算数据能力的限制而将数据进行外包所产生来自服务站和恶意攻击者的风险，以及数据上传至云服务器后，因服务器系统本身缺乏鲁棒性而遭到恶意攻击信息缺失的风险和防范能力。

为了实现数据的完整性检查，用户应该对消息文件等长切割后进行公钥加密，其生成的多个加密文件数据块储存在本地，然后上传至云服务器存储，并获得服务器反馈的索引。当云服务器收到用户发出的完整性验证时，云服务器将相关验证值反馈给用户，并进行相关验证。这个过程中，用户需要将元数据在本地库中进行保存，以方便完整性的验证。当然云服务器为了使用户更加了解，并未对用户的数据进行更改，还需要用户选择一个随机密钥和随机群元素，并发送给云服务器，再由云服务器将其生产的索引反馈给用户。完整性验证协议的设计中将云服务器供应商和存储服务器当作一样的实体对象，其存储系统仍旧是由云数据的存储服务器和密钥存储服务组成，当将加密的数据上传至服务器后，删除本地数据，再通过密钥服务器的索引可以通过公开信道重新下载恢复数据。

3. 基于公共审计支持的云存储服务系统协议设计

基于公共审计支持的云存储服务系统协议是分布式的移动云存储的公共安全审计协议，是对用户信息完整性的隐私安全保护协议的概括，该协议的设计中需要涉及单个参与方，移动云、用户和第三者审批。其中移动云是云计算服务的新兴生产领域，属于云计算服务的范畴，同时也是由数据存储服务器和密钥服务器构成。而第三方审计则是对云服务器供应商是否修改用户数据进行检查，解决用户的审计任务需求，且其地位属于公正方。一般来说这种系统协议可以有效提升第三方审计的效率，减少用户本身的加密计算量，更好地提高系统运行的效率。公共审计系统安全协议为了保持数据的完整性，在用户将本地数据上传后，将数据分割成等长，并对每个数据块进行标记，第三方审计向服务器发送指令选择随机数再将生产的索引发给移动云，当第三方审计收到移动云的反馈信息后，独立按照相关公式进行验证。使用这种公共审计支持协议的这类用户一般都具有强感知、多样性以及实时在线性的特点，数据的交换和产生几乎无时无刻不在进行，无形中增加了审计的任务量，所以设计该协议需要注意的另一个功能就是批量审计，对大批量信息审计协议的设计可以改善用户体验度，降低通信成本。

第三节　云计算的标准

一、云计算标准化基本原则

为规范云计算产品和服务，促进市场有序竞争，云计算的标准化工作亟待加强。根据对我国云计算及相关产业发展情况的分析，云计算标准化基本原则分为以下几点：第一，从基础入手，通过标准着重补足薄弱环节；第二，对于已经进入产业化阶段的业务模式，标准要与产业发展阶段相适应；第三，重视用户服务规范的标准化问题，通过标准促进服务质量的提升；第四，通过标准促进云计算业务发展；第五，标准要与技术特征相适应。

二、云计算标准化研究的目标与方向

云计算标准化服务于行业发展，就我国情况而言，应以解决基础问题为主要目的，包括以下几方面的内容：第一，规范云服务，提高用户的业务体验，并提供服务质量标准和验证方法；第二，统一云计算认识，避免无序炒作概念；第三，定义监管需求，为政府的监管提供技术方式和接口；第四，提出云计算业务安全的要求；第五，为用户提供定制化的以及可迁移的云计算服务；第六，统一标准，促进云计算市场中的有序竞争及合作。体系框架的制定明确了云计算在诸多方面的研究问题及研究方向，指明了有关云计算的 29 个标准化领域研究类别。①

三、云计算标准化研究现状

（一）国际云计算标准研究现状

目前，国际上已经有众多标准组织以及产业联盟启动了云计算及云服务的标准化工作，其中，国际标准化组织（ISO）、国际电工委员会（IEC）和国际电信联盟（ITU）三大国际标准组织共同起草了 ISO/IEC 17788：2014，ITU-T Y. 3500《信息技术—云计算—概述和词汇》、ISO/IEC 17789：2014，ITU-T Y. 3502《信息技术—云计算—参考架构》，认为云计算是一种将可伸缩、弹性、共享的物理和虚拟资源池以按需自服务的方式供应和管理，并提供网络访问的模式。ISO/IEC 17788 还界定了云服务、社区云、混合云、私有云、公有云、通信即服务、计算即服务、数据存储即服务、基础设施即服务、网络即服务、平台即服务、软件即服务等常用术语和定义，描述了云计算的广泛网络接入、可度量服务、多租户、按需自服务、快速的弹性和可扩展性、资源池化等关键特征。ISO/IEC 17789 规范了云计算参考架构（CCRA），包括云计算角色、云计算活动、云计算功能组件以及它们之间的关系。2009 年 ISO/IEC/JTC 1 成立了 SC 38（云计算和分布式平台），主要负责云计算、分布式平台及技术应用标准化。此外，云安全联盟、开放云计算联盟（OCC）、云计算互操作论

---

① 王杰. 我国云计算标准化研究现状及对策 [J]. 中国科技信息，2021 (13).

坛（CCIF）、分布式管理任务组（DMTF）、开放网格论坛（OGF）、国际互联网工程任务组（IETF）等重要的云计算标准工作组织也在云计算的安全、云服务、云际接口等方面取得了重要成果。

随着国际云计算标准化工作不断取得进展，国际标准体系框架基本成型，但由于云计算仍属于新兴产业，服务提供厂商之间竞争激烈、技术壁垒较高等原因导致云计算产业标准制定工作尚未得到行业重视，目前没有形成统一的国际通用标准，制约了云计算标准研究和推广工作。

（二）国内云计算标准研究现状

虽然国内云计算标准化研究仍处于"产学研用"的起步阶段，但我国非常重视云计算产业的发展。2021年12月27日，中央网络安全和信息化委员会印发《"十四五"国家信息化规划》，提出"十四五"时期国家信息化总体发展目标，要求大力发展云计算等新兴数字产业。目前国内主要有以下几个云计算相关的标准化研究组织：（1）中国通信标准化协会（CCSA），主要工作是跟进评估云计算在电信领域的影响；（2）中国电子学会云计算专家委员会，主要研究云计算技术和产业发展并作为成果发布了《云计算白皮书》；（3）中国信息技术标准化技术委员会SOA标准工作组，主要开展云计算标准体系和关键技术、产品、测评标准的研究和制定工作，此外还负责代表中国参与ISO/IEC、JTC 1/SC 38和ISO/IEC JTC 1，SC 7/SG-SOA的国际标准化工作；（4）工信部IT服务标准工作组，主要进行云计算服务、运营相关方面的标准研究和制定。

近年来，在党中央、国务院的高度重视下，政、产、学、研、用各方共同努力，已形成服务创新、技术创新和管理创新协同推进的云计算发展格局，关键技术和软硬件产品取得一批成果，公共云服务能力显著提升，行业应用进一步深化，云计算生态系统初步形成，产业规模迅速扩大，为开展标准化工作奠定了良好的技术、产品和应用基础。

四、云计算标准化发展及存在的主要问题

（一）云计算标准化的发展趋势

目前，许多从事计算虚拟化和与云计算行业标准化的课题研究及其密切相关的学术组织在课题研究内容方向上已经开始有相关合作，其研究内容已经逐渐成了我国云计算行业标准化课题研究的一个关注热点，主要内容包括计算虚拟化和云安全、云计算存储、云计算服务、云计算基础模型、云互操作性等。

分析总结我国云计算领域的标准化研究工作的发展具有如下趋势：

在现有技术和标准的基础上发展，持续继承和使用现有技术和标准。

侧重于倾向发展 Iaas 标准，从目前云计算标准的应用领域情况来看，Iaas 标准化的需求量最大，Paas 次之，而 Saas 则是根据具体的应用情况确定。

互通和互操作性的标准制定是重点，云计算三大模式的各个层面包括多个供应商，所有互通和互操作性是云计算标准化工作共同目标。各个标准化的组织之间是相互配合协作，云计算标准化的每个具体内容都需要由多个标准化的组织进行共同的协商才能实现。

云计算全产业链集群研究，为云计算标准奠定基础求同存异互补发展。

（二）云计算标准化存在的主要问题

从国内外对云计算标准化发展的现状分析看，尽管在术语、定义、参照结构、安全互操作和可移植等方面有一些研究成果，但总体而言，研究工作分散不成系统，标准化工作组织也存在没有统一的基础，各自的研究和共识很难达成一致意见，存在制约云计算行业发展的一些问题。

1. 标准缺乏统一性

目前专门从事云计算标准研究工作的机构和公司很多，许多标准组织还只是处于研究的初始阶段，研究内容也有所交叉；另外许多云服务提供商在考虑了自身的技术或者市场利益等因素之后，不愿意积极推动对公开标准进行研究和发展，难以制定统一的标准。同时，电信和移动网络服务运营商在重点云计算相关技术的实际推广应用中也始终占有举足轻重的技术主导位置，除了一定要对重点云计算技术标准化建设项目重点进行深入认识和高度关注，还特别要求电信企业部门应积极组织参加这些重点项目的技术标准化和相关技术规范研究和应用推广，以有效引导和监督规范实现云计算相关技术、管理和信息服务等各项技术标准协调均衡发展。

2. 重点领域发展较慢

目前，一些专注于实施云计算标准化的国际性组织和机构正在致力于推进云计算技术和标准化建设，并在这些云计算重点研究工作领域中进行了一系列的工作，发布部分成果，但是整体尚未完全形成统一的技术体系，也明显存在一些不足。我国的云计算有些相关标准仍然是发展缓慢，数据的主权、隐私等许多重要的领域也都存在标准不足、缺少基础设施支持、技术研究的散，难以达到实质目标，缺少云计算标准系统框架等问题，应促进云计算的结构化分析与明确其之间的覆盖面积及其差距。在我国的绿色数据中心，云计算服务的交付以及服务品质等一些重点方面的标准化工作进展缓慢。

3. 云计算标准化组织缺乏协调性

目前，各云计算标准化研究组织所做的工作较为分散，很难协调，研究的外延有所交叉，存在标准化工作交叠现象，一些重复的工作浪费了资源，也降低了效率。关于标准化的研究工作没有明确划分职责与分工，多个组织平行确定标准，使云计算标准的制定没有行业领导人的角色组织，无法系统协调标准研究和活动，缺乏行业认同的协调组织角色。

五、云计算标准化的思考与建议

（一）建立云计算标准化管理制度

对云计算产业进行信息系统标准化管理是行业中生存和发展的重要基础，云计算信息系统标准化的工作在我国云计算技术、行业与应用等领域都起着非常重要的促进作用。应进一步加大与云计算有关研究组织在云计算领域投入的力度，主管部门要及时引导各方的人力资源与云计算服务机构建立沟通、合作的机制，调动各方积极性，统一实施与云计算有关的行业科学技术规范和标准，积极研究、明确实施我国云计算行业标准化的管理体系，尽快研究确定有关云计算行业标准的具体制定与其发展趋势、云服务运营管理的方向、标准和体系，促进了我国与云计算协调发展，以支持我国云计算信息技术和产业迈向新台阶。

（二）完善云计算标准化体系建设

按照《中国制造2025》《"互联网+"行动计划》等战略要求，以《云计算综合标准化体系建设指南》作为标准建设政策性指导文件，着力研究云计算相关技术应用领域的关键创新并制定行业标准。结合云计算产业的技术开发和需求，建立企业的运转状况和实际的行业标准。根据分析和市场调查的需要，进行云计算综合产业标准化应用系统项目的构建和实施相关项目过程的动态分析。在国家智能设备制造和国家标准化产业生产质量管理信息系统标准框架下，进一步建立行业整体规划，改善中国云计算行业标准的管理和发展现状。

加强云计算标准化技术组织建设应围绕现行标准开发工作进行，进一步探索建设完善的技术组织和工作机制，努力发挥企业参与标准化的积极作用，政府以交流为主导，提供切实的云计算标准开发工作支持和保障。继续推进国家标准编制工作，通过定期监督检查等方式及手段，重点推进相关标准报批发布，以满足产业发展规范市场的需要。

第四节　云计算技术的应用探讨

一、云计算技术在计算机大数据分析中的应用

（一）云计算技术支持，架构大数据处理系统模型

计算机大数据分析工作已经成为现代计算机系统运行的重要组成之一，而云计算技术则成为计算机大数据分析工作中的重要一环。在云计算技术的支持下，可将计算机中的各类数据信息转存到"云端"，即虚拟的计算机储存空间。通过工作方式的转变有效减少计算机硬件设备的使用，为相关企业节省一定的开支，将企业资金投入其他运营项目，提高企业的整体经营效益。[①] 若基于社会运行视角进行解析可知，云计算技术的灵活应用可对社会资源进行有效整合，并最大限度地发挥出资源的利用效率，为社会节约更多的计算机投入成本，体现出云计算技术的现实应用价值。

云计算技术在计算机大数据分析中进行实际应用时，为合理发挥出该技术的应用优势，应当基于云计算技术支持建构计算机大数据处理系统模型。在数据处理系统模型运行下，可有效降低企业的整体运行成本，提高企业的内部工作开展效率，简化企业的内部工作流程，使得企业资源得到充分发挥利用。企业在实际运营过程中，可利用云计算技术将大量的数据信息快速储存于云端，提高数据处理的有效性与安全性。

当下，云计算技术在大数据分析工作中的应用较为广泛，主要集中于大型企业或政府单位，如政务大数据系统是典型的大数据分析系统模型，在云计算技术的运行下可有效提高政府部门的政务工作开展效率。如我国部分地区政府进行大数据政务处理系统模型建构时，主要是基于阿里云计算技术的支持，保证政务工作开展的可靠性与有效性。鉴于我国国情的特殊性，建构大数据政务处理系统模型对政府部门的工作开展具有深远意义。与此同时，各个高校、城市都在打造智慧运行系统，同样依据云计算技术不断完善智慧运行模型，为用户提供安全可靠的数据处理服务。通过对我国政府机构的设置进行解析可知，

[①] 高胜利. 浅谈云计算技术在计算机大数据分析中的应用 [J]. 网络安全技术与应用，2021 (7).

由于部门较多、机构复杂，在建构政务处理平台时，应当充分发挥出云计算技术对多个部门、单位的工作数据进行汇总的能力，体现政务数据平台的运行社会价值。

国家政府、企业、高校、研究所等组织运行过程中，为保证内部数据整合共享的有效性与安全性，可合理应用云计算技术，打造大数据分析处理系统模型，提高数据处理效率与数据的储存安全性。如阿里云技术在向用户提供服务时，阿里云盾可对用户数据进行有效加密保护，以确保数据信息的绝对安全。在现代化计算机大数据技术的分析下，可为高校管理、城市治理、政务运行提供针对性帮助，发挥数据信息的分析价值，保障我国社会稳定发展。

（二）依托云计算技术，搭建计算机互联网分析平台

云计算技术与互联网技术融合，将成为云计算技术的必然发展趋势。通过对现实发展中的融合效果进行解析可知，云计算技术与人工智能技术的有效融合，可以推动计算机互联网分析技术的发展。在现代互联网发展背景下，用户可选择多种数据处理方式和数据分析报告，发挥出现代计算机大数据分析技术的应用价值，实现技术与用户的直接对话，优化技术的服务效果与水平。

现代人们主要通过网络途径获取数据信息，并基于互联网的支持，对外输出大量的数据信息。为此用户的上网频次不断增加，人们的办公、娱乐、社交等都可以基于互联网进行完成。在海量用户的活跃背景下，将产生大量的数据信息。在对相关数据信息进行分析时，则可依托云计算技术搭建计算机互联网分析平台，对海量的数据信息进行分析，进而依据用户的诉求，为用户提供专业的检索建议，以发挥出计算机互联网分析平台的运行价值与优势。

在云计算技术的应用背景下，可为互联网提供高效安全的数据采集分析工作，并确保计算机互联网分析平台的整体运行可行性，为用户提供更为细化的数据分析服务，满足用户更多业务的实际需求。计算机互联网技术可为用户提供更多数据服务，给予用户个性化的数据支持。如在计算机互联网分析平台的支持下，可为用户提供高效的数据检索服务以及专业的浏览服务与查阅服务，保证用户可根据工作需求获取相关的数据信息，及时满足用户的需求，体现出云计算技术的应用价值与优势。在对海量数据信息进行分析处理时，可基于云计算技术对数据信息进行深度解析，挖掘数据信息的潜在价值，为社会创造更多现实效益。

（三）应用云计算技术，建构数字化储存应用平台

在互联网技术的快速发展背景下，计算机技术的普及率不断提升，并对人

们的生活产生许多影响。如传统文字信息输出的方式已经无法满足用户的实际生活诉求，现代用户进行生活与工作时，将灵活使用文字、图片、视频、语音等方式满足日常诉求。在新的社交、工作、生活方式下，将产生大量的数据信息，占用一定的数据储存空间。为保证用户数据储存的安全性与可靠性，在对用户产生的数据信息进行存储时，需要应用云计算技术建构数字化储存应用平台，对海量的用户个人数据信息进行储存，为用户提供长久的数据服务。

现代数字信息技术的快速发展使得图片的内存占比更大，视频的画质更加清晰，这对数据存储工作的开展提出新的挑战。为有效储存相关数据信息，并对数据信息背后的潜在价值进行挖掘，应当基于云计算技术与计算机大数据分析技术，对海量的数据信息进行储存与分析，完成对数据信息的整理归档，建构现代化数据资料库，便于工作人员对数据信息进行检索，提高数据信息的整体利用效率，发挥出云计算技术的现实应用价值。

二、云计算结合大数据技术在智慧校园中的运用

确保学生安全健康发展一直以来都是高校管理工作开展的重点，利用信息技术解决有限师资力量与艰巨管理任务之间的矛盾，实现两者的均衡发展是智慧校园开发与应用的关键所在。智慧校园为全校师生提供一站式综合服务，实现资源共享、信息互通，为师生提供全方位、智能化、数字化、网络化的个性化综合信息服务平台。[①] 为了使智慧校园能够完成大量数据的收集、存储和分析的工作，可以将大数据技术与云计算技术应用到其中，通过智能终端设备、穿戴设备以及信息系统等收集大量数据信息，同时深入挖掘与分析这些信息，从中归纳出事物发展的一般规律和趋势，注重云平台中不同功能的开发与使用，这样才可以有效达成智慧校园资源科学规划、院校业务部署的目标。

（一）构建智能学习环境

大数据结合云计算技术应用到智慧校园建设当中可以构建智能学习环境，具体来说重点涵盖以下几部分内容：首先可以实现智能资源的上传和共享，利用大数据技术和云计算技术，学生可以在任意时间、任意地点基于智慧校园平台查找、下载各种需要的学习资源与课程教学内容，同时教师可以将自身制作的相关教学视频、查找与整合的高质量拓展教学资源等上传到智慧校园平台，让学生能够随时观看和学习。其次，创设云课堂，教师基于云课堂能够有效突

① 刘丹，周贝，任浩然，景永强. 云计算结合大数据技术在智慧校园中的运用探讨［J］. 信息记录材料，2023（6）.

破时间与空间的限制，在任意时间针对学生开展随堂测试，从而获得更好的课堂教学效果，同时在课堂教学过程中，学生也可以结合自身实际情况与喜好选取相应的学习内容，提高学习活动的智能化与个性化，在提升教学效率的同时改善教学效果。最后，对学生学习状态进行实时监测，在教室讲台上方安装摄像头，可以准确获取每位学生在课堂教学中的表情与动作，帮助教师更好地把握学生的听课状态，依照系统总结出的数据对教学活动进行及时的优化与改进，进一步增强课堂教学品质。

（二）创设数据集成和共享平台

云计算技术结合大数据技术应用到智慧校园建设中较为常见的应用方式便是创设数字集成与共享平台，换言之便是可以对校园内产生的各类数据信息进行收集、分析与整合，之后再将整理好的数据贡献给广大教师与学生。相较于之前的数据集成和共享平台，结合大数据技术与云计算技术的智慧校园平台具备更高的信息输送效率以及更加广泛的共享范围，改变了传统通过个体构建智慧校园的不良情况，打破了内部信息封闭的局势。在该智慧校园平台中，广大教师、学生以及工作人员等均能够在任意时间与地点获取平台中的数据信息。

（三）加强校园管理

云计算结合大数据技术应用到智慧校园建设中，还能够加强校园管理，具体可以从以下几方面内容进行：首先，将人脸识别技术应用到考勤工作中，构建人脸识别考勤智慧板块，系统根据课程教学安排，借助于摄像头等人脸识别设备对学生进行课堂教学考勤，全面、精准地记录每位学生的出勤率，不仅帮助教师省去考勤环节，避免课堂教学时间的浪费，同时也使得考勤结果具有更高的准确性与真实性。其次，将动态人脸识别技术应用到校园安全管理工作中，将该系统和校园大门的闸机系统联系起来，不仅能够实现对学生的无感知人脸识别与考勤，同时还能够自动进行人员权限的判定，当被识别人员是校内学生或者教师时，闸机门会自动打开让其通行，而当被识别人员没有获得系统授权时，这时闸机门不会开启并提示错误，要求人员在登记之后才能够进入。另外，还能够在动态人脸识别系统中设置黑名单系统，当系统识别到黑名单人员时便会立即发出警报，从而保证校园以及学生的安全。最后，智慧校园中拥有的大规模数据信息能够为院校管理工作改革创新提供有效支持，依托于大数据技术、云计算技术等对院校的财务数据进行挖掘、分析与整合，准确把握校园财务收支情况，为院校进行财务决策与工作改进提供良好的帮助。

参考文献

［1］ 曹天杰，张爱娟，刘天琪，等. 网络空间安全概论［M］. 西安：西安电子科学技术大学出版社，2022.

［2］ 曹晓宝. 心理测试技术原理与应用研究［M］. 武汉：武汉大学出版社，2019.

［3］ 柴智. 大数据时代背景下计算机信息处理技术应用探究［J］. 信息通信，2019（1）.

［4］ 陈勇，罗俊海，朱玉会，等. 物联网技术概论及产业应用［M］. 南京：东南大学出版社，2013.

［5］ 初雪. 计算机信息安全技术与工程实施［M］. 北京：中国原子能出版社，2019.

［6］ 丛佩丽，陈震，刘冬梅，等. 网络安全技术［M］. 北京：北京理工大学出版社，2021.

［7］ 邓华. 构建计算机信息安全技术体系核心探寻［J］. 科学与信息化，2019（11）.

［8］ 董洁. 计算机信息安全与人工智能应用研究［M］. 北京：中国原子能出版社，2022.

［9］ 高胜利. 浅谈云计算技术在计算机大数据分析中的应用［J］. 网络安全技术与应用，2021（7）.

［10］ 龚健虎. 基于计算机网络技术的网络信息安全防护体系建设［J］. 湖南工程学院学报（自然科学版），2022，32（3）.

［11］ 龚星宇. 计算机网络技术及应用［M］. 西安：西安电子科技大学出版社，2022.

［12］ 龚星宇. 计算机网络技术及应用［M］. 西安：西安电子科学技术大学出版社，2022.

［13］ 龚星宇. 计算机网络技术及应用［M］. 西安：西安电子科学技术大学出版社，2022.

［14］官亚芬. 计算机网络信息安全及其防护对策研究［J］. 信息与电脑（理论版），2018（21）.

［15］桂小林. 物联网信息安全 第2版［M］. 北京：机械工业出版社，2021.

［16］郭文普，杨百龙，张海静. 通信网络安全与防护［M］. 西安：西安电子科技大学出版社，2020.

［17］赖清，林己杰，贾媛媛. 网络安全基础［M］. 北京：中国铁道出版社有限公司，2021.

［18］赖清. 网络安全基础［M］. 北京：中国铁道出版社，2021.

［19］李浩，樊鹏华. 关于云计算环境下的分布式存储关键技术分析［J］. 电子世界，2019（20）.

［20］李建辉，武俊丽. 计算机网络控制技术研究［M］. 吉林出版集团股份有限公司，2021.

［21］李剑，杨军. 网络空间安全导论［M］. 北京：机械工业出版社，2021.

［22］李曼曼. 云计算发展现状及趋势研究［J］. 无线互联科技，2018（5）.

［23］李书梅，张明真. 黑客攻防从入门到精通　黑客与反黑客工具篇　第2版［M］. 北京：机械工业出版社，2020.

［24］李文娟，刘金亭，胡珺珺，赵瑞玉. 通信与物联网专业概论［M］. 西安：西安电子科学技术大学出版社，2021.

［25］李志鹏，苏鹏，王玮. 计算机网络实践教程［M］. 长春：吉林出版集团股份有限公司，2022.

［26］梁彦霞，金蓉，张新社. 新编通信技术概论［M］. 武汉：华中科学技术大学出版社，2021.

［27］刘丹，周贝，任浩然，景永强. 云计算结合大数据技术在智慧校园中的运用探讨［J］. 信息记录材料，2023（6）.

［28］刘家佳. 移动智能终端安全［M］. 西安：西安电子科技大学出版社，2019.

［29］刘荣，吴万琼，陈鸿俊. 计算机网络入侵与防御技术［J］. 电子技术与软件工程，2021（11）.

［30］龙曼丽. 网络安全与信息处理研究［M］. 北京：北京工业大学出版社，2020.

［31］倪伟. 工业控制网络技术及应用［M］. 北京：机械工业出版社，2022.

［32］潘娜，王兰. 基于防火墙的网络安全技术研究［J］. 无线互联科技，2022（21）.

［33］钱凤臣. 数据链技术［M］. 西安：西安电子科学技术大学出版社，2022.

［34］秦成德. 物联网法学［M］. 北京：中国铁道出版社，2013.

［35］丘文. 加强计算机信息系统安全等级保护对策探讨［J］. 广东公安科技，

2018, 26 (3).

[36] 邵汝峰, 及志伟. 现代通信概论 [M]. 北京: 中国铁道出版社, 2019.

[37] 邵云蛟. 计算机信息与网络安全技术 [M]. 南京: 河海大学出版社, 2020.

[38] 石峰. 校园网环境中 ARP 防火墙技术的应用 [J]. 无线互联科技, 2022 (4).

[39] 石敏. 计算机网络与应用 [M]. 哈尔滨: 哈尔滨工程大学出版社, 2018.

[40] 孙玉芳. 计算机网络数据交换技术探究 [J]. 卫星电视与宽带多媒体, 2022 (17).

[41] 唐孝国. 云计算中虚拟化技术的应用 [J]. 信息记录材料, 2021 (4).

[42] 陶斌. 基于代理的入侵检测系统的实现 [J]. 电子世界, 2020 (12).

[43] 王东岳, 刘浩. 计算机数据库入侵检测技术的应用 [J]. 网络安全技术与应用, 2022 (12).

[44] 王杰. 我国云计算标准化研究现状及对策 [J]. 中国科技信息, 2021 (13).

[45] 王文霞. 计算机网络安全中防火墙技术的应用探索 [J]. 网络安全技术与应用, 2022 (6).

[46] 王新良. 计算机网络 第2版 [M]. 北京: 机械工业出版社, 2020.

[47] 王叶, 李瑞华, 孟繁华. 黑客攻防 从入门到精通 实战篇 第2版 [M]. 北京: 机械工业出版社, 2020.

[48] 卫宏儒. 信息安全与密码学教程 [M]. 北京: 机械工业出版社, 2022.

[49] 杨保辉. 计算机数据库入侵检测技术应用 [J]. 中国高新科技, 2018 (19).

[50] 张剑飞. 计算机网络教程 [M]. 北京: 机械工业出版社, 2020.

[51] 张瑞蕾, 单维锋, 李忠. 应急管理信息系统分析与设计 [M]. 北京: 北京交通大学出版社, 2021.

[52] 张晓海, 王蔚. 基于云计算的体系架构与关键技术 [J]. 品牌研究, 2020 (30).

[53] 赵满旭, 李霞. 大学计算机信息素养 [M]. 西安: 西安电子科学技术大学出版社, 2022.

[54] 赵学军, 武岳, 刘振啥. 计算机技术与人工智能基础 [M]. 北京: 北京邮电大学出版社, 2020.

[55] 郑霄龙, 邓中亮. 无线传感器网络的低功耗共存技术 [M]. 北京: 北京邮电大学出版社, 2022.

[56] 周宏博. 计算机网络 [M]. 北京: 北京理工大学出版社, 2020.